U0123728

只为成功找方法
不为失败找借口

真心到处
万法皆生

朱坤福 ◎著

台海出版社

图书在版编目（CIP）数据

真心到处，万法皆生：只为成功找方法，不为失败找借口 / 朱坤福著. —北京：台海出版社，2021. 12

ISBN 978-7-5168-0793-4

Ⅰ.①真… Ⅱ.①朱… Ⅲ.①成功心理-通俗读物 Ⅳ.①B848.4-49

中国版本图书馆 CIP 数据核字（2021）第 198299 号

真心到处，万法皆生
只为成功找方法，不为失败找借口

著　　者：朱坤福

出 版 人：蔡　旭
责任编辑：王慧敏

出版发行：台海出版社
地　　址：北京市东城区景山东街 20 号　邮政编码：100009
电　　话：010-64041652（发行、邮购）
传　　真：010-84045799（总编室）
网　　址：www. taimeng. org. cn/thcbs/default. htm
E - mail：thcbs@ 126. com

经　　销：全国各地新华书店
印　　刷：三河市三佳印刷装订有限公司
本书如有破损、缺页、装订错误，请与本社联系调换

开　　本：859 毫米×1168 毫米　　1/32
字　　数：200 千字　　　　　　　印　　张：10.5
版　　次：2021 年 12 月第 1 版　　印　　次：2021 年 12 月第 1 次印刷
书　　号：ISBN 978-7-5168-0793-4

定　　价：69.00 元

在工作中我常常发现，不少的人应聘一份工作或者选择一个职业，相当地随意与盲目，要么是海投简历，要么是什么热门就选择什么，根本谈不上对工作的理解与认识，大多数人只是抱着一份打工的心态来求职应聘。

记得有次我面试一个应聘人力资源经理的候选人，某"双一流"大学公共管理、法学双学士学位，整体综合素质不错，刚好公司有法务岗位的招聘需求，我问他："你看你有法学的专业背景，如果有人力资源和法务两个工作机会，你会选择哪一个？"他想了想答复说："我希望做法务的工作。"于是，我下午安排法务负责人面试，结果没有想到，最后他问了一个让人大跌眼镜的问题："如果我从事法务工作，转正以后有没有转岗的机会呀？"面试官一听就晕了，投简历是应聘人力资源，后转为应聘法务，转正以后还希望能够转岗。这样的候选人恐怕是把工作当作体验生活了，连自己想要做什么都不明白，更谈不上对工作的真心热爱。

真心热爱自己工作的人，往往对工作有着异乎寻常的热情，不管工作压力有多大，工作难度有多高，他们都不会觉得工作多苦多累，也不会有任何怨言和借口。他们会将工作当作乐趣、挑

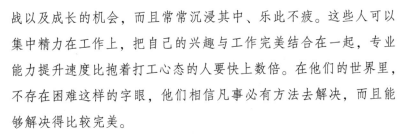

战以及成长的机会，而且常常沉浸其中、乐此不疲。这些人可以集中精力在工作上，把自己的兴趣与工作完美结合在一起，专业能力提升速度比抱着打工心态的人要快上数倍。在他们的世界里，不存在困难这样的字眼，他们相信凡事必有方法去解决，而且能够解决得比较完美。

然而，大多数人在做一件事情不成功或被批评的时候，总会找种种借口来搪塞别人，因为他们害怕承担错误，害怕被别人笑话，或者只是想得到暂时的轻松和自我解脱。上班迟到了，可以说是因为堵车；工作干砸了，可以说是领导决策错误；客户不满意，可以说是对方过于苛刻；升不了职，可以说是领导偏心……反正"聪明"的他们总会找到各种看似合理的借口。可以毫不夸张地说，借口就是一个掩饰弱点、推卸责任的"万能器"，有很多人把宝贵的时间和精力放在了如何寻找一个合适的借口上，而忘记了自己的职责和责任。更为可怕的是，借口常常还是敷衍别人、原谅自己的"挡箭牌"，容易扼杀人的创新精神，让人消极颓废。它更是一剂鸦片，让你一而再、再而三地去品尝它，逐渐地让自己变得心虚、懒惰，遇到困难就退缩，最终丧失执行的能力，更谈不上积极地去寻找解决问题的方法了。

其实，不是有些事情难以做到，而是因为我们没有用心去找方法解决困难。陆游写道："山重水复疑无路，柳暗花明又一村。"古人尚且明了山重水复之后还有柳暗花明，但现在许多人却看不到这一点，他们认为已经山重水复的时候便停止往下走了。他们觉得走到这里已是尽头，也只能到此为止。其实未必，只要有问题，就一定会有办法解决，方法永远比问题多。

有句话说得好："世上无难事，只怕有心人。"是的，只要用心找，方法总比问题要多。一道数学题会有不同的解法；想要到达山顶，有无数条路可供自己选择。你可以选择前人之路，也可以选择开辟新的道路。但是无论哪一条，结果是一样的，殊途同归，都能到达山顶。唯一不同的是你用了什么方法，收获了什么。如果将思想聚焦在"怎么可能"的怀疑上，你就会压抑自己的智力潜能，把可能实现的东西扼杀在摇篮中。如果将思想聚焦在"怎么才能"的探索上，你的大脑就会开动起来，把各种"不可能"变为"可能"。

一位成功学家说过这样一句话：如果你有自己系鞋带的能力，你就有上天摘星星的机会！让我们把寻找借口的时间和精力用到努力工作中来，因为工作中没有借口，失败没有借口，成功也不属于那些找借口的人！

朱坤福

2021 年 9 月 29 日于朱氏药业集团

目录

Contents

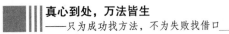

第一章 努力只能做对事情，用心才能做好事情

　　一位哲学家说过："不论你手边有什么工作，都要用心去做。这样，你每天才会取得一定的进步。"用心做事，不止是努力地去做事，更是用自己的真心、诚心、良心去做事。用心做事，不仅是一种方法、一种技巧，更是一种态度、一种境界，是一个人不断完善自我的标尺，也是一个人迈向成功的第一步。

不管做什么事情，都必须投入全部的心思

对于我们大部分人来说，"用心"这个词并不陌生，从进入学校接受教育起，到步入社会工作，我们的家长或上司就常常教导我们要用心对待每一件事。那么，"用心"是什么意思？在最新版本的《现代汉语词典》里，"用心"一词被解释为："集中注意力；多用心力"。其实，我们做任何事情，要想有所成就，都必须投入全部的心思及精力。就算最不起眼的事，一旦用心去做，也必定会有所回报。

★★★★★

有个孩子自小就身体瘦弱，十分腼腆，很少与人交流。他的家人都为他担心，生怕他将来无法自立。19岁时，他与其他同龄人一样，曾在农村生活过。当地的农场场长交他一个任务，那就是养猪。这份工作最不受人待见，因为要每天对着猪粪，工作环境十分肮脏。

出乎大家意料的是，那样恶劣的工作环境没有给他带来烦恼，而且他还将那些原来瘦弱的小猪崽儿喂养得肥头大耳，满身是膘。当他听说全国艺术院校都在招生时，心里有了主意：希望可以成为一名演员。因此，他专门请假回城，为考试做了各种准备，但是由于他没有接受过专业训练，结果一败涂地。

后来，因为接替他养猪的那个人无法胜任工作，农场场长眼看着猪崽儿一天天瘦下来，心里很是着急，希望他可以回来继续养猪。屡试屡败的他也打算破罐破摔了，既然考不上，那就放弃吧，继续回去养猪好了。回农场的前一天，他的一个朋友来家里告诉他文工团招生的消息，并鼓励他去试试。他本不想再去试了，但是在朋友的再三鼓励下，他还是决定前往文工团面试。

面试时，他给考官表演了一个叫《喂猪》的节目。他的表演不露痕迹，得心应手，仿佛他自己过去的喂猪生涯就是专为本次面试做准备的。在小品中，他完全融入个人的生活体验，得到了一众考官的高度评价。因此，他顺理成章地通过了面试。

单从字面去分析的话，"用心"是指心无杂念，坚持去做某一件事，想方设法去完成等。从内容的角度来说，用心其实就是一种理念，"人过留名，雁过留声"，我们来世界走一趟，总会希望实现个人价值，创造一番事业，因此我们需要认真对待每一件事，让自己不留遗憾；用心是一种责任，人活一世，草木一春，我们在短短一生里应当积极履行自己的义务，为自己、为他人、为这个世界创造更多的美好。用心也是一种积极向上的精神，一种振奋人心的力量，它能让你朝着既定的目标奋勇前行。

★★★★★

傍晚时候，某大酒店一个名叫柳彦的总台收银员正在进行账单核对。此时，一位客人和他的朋友来到酒店要求住宿。柳彦为他们办理登记手续时，无意中听说客人的朋友对"煎饼卷大葱"这一山东特产很感兴趣，希望可以尝一下。柳彦将这两位客人带到相应的楼层后，马上致电餐饮部，在发现店内没有此菜品后，又向主管提出外出购买煎饼的建议，还联系员工餐厅制作大葱以及蘸酱。在多方的努力下，当柳彦将刚制作好的煎饼卷大葱送进客人住宿的房间时，只见对方一脸的诧异，特别是那位客人的朋友深受感动。他说："没想到初次入住你们酒店，竟然可以获得 VIP 服务，你们的服务真的太用心了，山东人的热情真让我感动啊！"那位客人看到朋友如此满意，也特别开心，他认为酒店的服务让他尽到了地主之谊。

★★★★★

在日常生活中，客户寻求帮助的情况并不鲜见。当客户存在需求时，我们作为服务人员，应当及时伸出援手，而不是冷眼旁观。若客户得不到服务人员的及时帮助，保不齐心里会想：以后再不光顾这家酒店了，太让人失望了。如此一来，必定会为酒店带来一定的经济损失。我们讲服务，什么是服务？用心就是服务。哪怕一个小小的善举，都可能打动客户，提高企业声誉。因此，所有员工都必须用心对待工作，用心做好每一件事。

坤福之道

> 不用心，再好的语言都是一句空谈；不用心，你在工作中只是一台不停重复的机器；不用心，你的生活就像一片荒芜的沙漠，连海市蜃楼都不会出现；不用心，你只会屡试屡败。因为心在，所以热爱。正是有了热爱，鲜花才更鲜艳，掌声才更响亮，成功才更有意义。

倘若你足够用心，没有解决不了的难题

任何人在工作中都不可能一帆风顺，总会遇到各种各样的困难。我们不能一遇到困难就开始质疑自己，而是应该记住：世上无难事，只怕有心人。与漫长的一生相比，困难仅仅是人生众多色彩中的一种罢了。世界上既不存在永远的困难，也不存在无法解决的困难，倘若你足够用心，任何难题都有解决的时候。

★★★★★

1880 年 6 月 27 日，海伦·凯勒在亚拉巴马州北部塔斯喀姆比亚镇出生了。在 1 岁 7 个月的时候，她不幸患上了猩红热，先后失去了听力、视力，再后来连基本的语言表达能力也没有了。换句话说，又聋又哑又盲的凯勒和一个废人没有多大区别，说不了、听不到，也看不见。对于一般人来说，除了在被人遗忘和厌弃中度过一生外，别无选择。如果有人说，这样一个残疾的人不但会听、会说、会读、会写，而且最终成为一名作家，相信所有的人都认为这个人一定是疯子，因为这根本就不可能。

然而，海伦·凯勒做到了，这个伟大的奇迹就这样不可思议地发生在了这样一个重度残疾的小姑娘身上。她在导师安妮·莎文的帮助下，不仅学会了读书和"说话"，还以优异的成绩考上了美国最著名的高等学府哈佛大学，并且成了一个举世闻名的作家。

"一分耕耘，一分收获"，只要用心去做自己想做的事情，世上的难题都可以迎刃而解。世间上再难的事，会难得过让海伦成为一个会"看"、会写、会"说"的人吗？其实困难并没有我们想象中那么可怕，可怕的是我们还没有努力就向现实妥协了。成功，永远属于那些知道用心懂得用心的人。因为只要用心就可以打败困难，获得胜利，实现自我价值。

然而，职场中懂得这个道理并且这样做的人很少，他们缺乏解决难题的斗志及信心，也缺少持之以恒的精神。一遇到挫折就马上向现实妥协，向困难低头。有这样的态度，又如何能够成功?!

大学毕业后，和其他年轻人一样，22 岁的章鹏怀着

对未来的美好憧憬进入社会。那时候的他心里充满激情，立志成为一名出色的老师。他发自内心地喜欢这个职业，认为这个职业是神圣的，是伟大的。

章鹏认为我国最具文化底蕴、聚集最多教育资源的城市就是北京，如果可以在这里从事教学行业，那将是他毕生的荣耀。因此，他进入社会的第一站就是北京。可惜天不遂人愿，章鹏将求职简历发给了几所中学后，都是杳无音信。接着，他将求职标准降低，开始应聘小学老师。但这个城市好像与他过不去似的，仍然没有给他任何希望。

那时候的他心情很差，一度怀疑自己的能力，而没有经济来源，自然也无法保障自己的基本生活。正在这时，他忽然看到一个招聘启事：某部门需要若干名清洁工人，工作内容就是在故宫四周打扫卫生。在经过一番思想斗争后，章鹏决定前往应聘。虽然清洁工与教师差之甚远，完全不是自己的理想职业，但解决目前的生活难题更加重要。

结果章鹏如愿以偿地应聘上了，每天的工作就是在故宫周边推着一台垃圾车到处走，捡游客丢下的垃圾。一开始，他无法适应这份工作。但是，随着时间的流逝，他觉得这也是一份光荣的职业，可以为故宫出一份力，让他觉得很自豪。

作为古老的城市，北京积累了大量的历史文化，可惜随着时间的推移，许多事情早已不为人知。但章鹏对北京的历史十分感兴趣，一旦发现老人们三五成群聚集在一起畅谈各种典故由来、名人事迹或民俗风情，他都会认真聆听，偶尔还用笔记下来。休息的时候，他还会前往图书馆翻阅那些关于北京或故宫的资料。如此几年下来，章鹏对北京、对故宫都了如指掌，几乎可以说是一名地道的"北京通"了。

有一次，章鹏遇到了几个问路的游客，他不但热心地将其带到指定地点，而且还将这条路的历史背景及由来向游客娓娓道来。他的表现让游客刮目相看，主动请他当导游。因为他本身口才不错，加上文化基础扎实，所以讲解起来绘声绘色，给人留下了深刻印象，以至于请他做导游的人络绎不绝。渐渐地，章鹏在北京的导游圈小有名气，他想也许自己应该改行做导游。

2009年年底，章鹏参加了导游考试，并顺利拿到了导游资格证。次年，他成为北京最优秀的导游之一。

用心，就会成为优秀的人；用心，就可以取得成功。事情再难，你若用心去做，全身心投入其中，不断挑战自我、突破自我，就不会被困难打倒，就能够战胜困难。一句话，只要用心，世上便无难事！"畏难"，是导致许多人失败的真正原因。一遇到困难就胆怯、退缩，而不是积极思考怎样克服困难、怎样处理难题，是无法取得成功的。比起困难，那颗消极的心更让人失望。一个用心的人，无论事情有多难办，处境有多糟糕，都会坚持不懈地走下去，直到成功为止。

坤福之道

成功的人往往不是最聪明的，但一定是最用心的。细心发掘需要，用心锤炼细节，耐心等待机会，成功一定属于你。

用心工作的人，对每一个问题都不会放过

用心工作的人会认真对待工作中的所有事项，重视所有的问题，关注每一个细节，不放过任何一个漏洞。这样的人事事追求完美，是公司最信任、同事最敬重、领导最青睐的人。

★★★★★

自从初中毕业后，黄颖就跟着同村的伙伴前往上海打工。她一没有学历，二没有经验，很难在上海这样的大城市立足。在遭到多次拒绝后，她终于凭借着个人的真诚打动了一家房地产企业的经理，成为一名销售人员。前提是，她需要在3个月的时间里将5套房子推销出去。

为了完成这项艰难的任务，黄颖吃了许多苦头。因为说话自带家乡音，她屡屡被同事抢走客户，作为公司新人，她唯一可以做的就是坚持不懈地联系客户。但是

每天接待的客户依然屈指可数，她很是焦虑。

她在细心观察几天后，发现其他同事会热情接待穿着气派的客户，对穿着普通的客户则要冷淡许多。她没有仿效同事的做法，而是热情细心地接待每一个咨询的客户，将客户对房子的大小、格局、采光等需求一一记录下来，还主动将个人的联系方式给了客户。

一个下雨天，售楼处来了一位穿着朴素的客户，还带进来一地的雨水，其他同事都以为这位客人只是来躲雨的，纷纷避之不及。黄颖主动接待这位客户，问他有什么需要帮助。这位客户话很少，仅仅是咨询了一下房价和交房时间，随后对黄颖说："明天告诉你我要买几套。"说完就回去了。这让黄颖觉得不可思议，以为自己听错了，其他同事也不敢相信自己的耳朵，没想到这位其貌不扬的客户竟然是个低调的大款。

次日，这位客户主动联系黄颖，说要买两套房，并计划当天交订金办手续。下午，客户如约而至，付完订金后，他说："我之所以买下你的房子，是因为你不势利，能够热心接待每一位客户。"这让她特别感动，没想到这样一个别人忽视的小小细节却成就了自己。

正是黄颖用心对待工作，用心去接待每一位买房的顾客，才给客户留下了好的印象。在客户看来，能够注意细节的人，对工

作也必定十分认真、十分用心。而用心的人，无疑是值得信任的人。

任何事情都要用心去做，不放过任何问题。在工作中，我们一定要用心将每件事情做到最好，将每个环节做到完美无缺。因为有些时候，稍微疏忽就会造成很大的损失。

★★★★★

高露洁公司将冰爽牙膏推向市场后，迅速将市场份额从25%提高到了35%。然而一段时间后，市场份额的增长速度渐渐回落了。为此销售人员展开了许多市场考察和调研，但最终也还是没弄明白销量为什么突然就下降了。

有一天，高露洁公司召开了一次消费者座谈会，一位参加会议的消费者不满地说："我们不想将太多的时间花在挤牙膏上。"在场的领导向这位消费者追问原因，得到的回答是："你看看你们公司的牙膏广告，光是挤牙膏就要那么久，谁愿意等？本来早上都是争分夺秒的，谁愿意这样耽搁时间呢！"销售经理一听马上重新观看了广告片，发现其中展示挤牙膏的时间就长达4秒钟。但是，其他牙膏广告只需要花费1~2秒的时间就能够将牙膏挤出来。如此微小的一个细节，竟然导致销量急剧下降。

★★★★★

挤牙膏的时间仅仅比竞争对手多2~3秒而已，没想到却会让市场发生这样大的变化。这明显出乎高露洁广告营销人员的意料。若广告人员当时再认真一些，再谨慎一些，对竞争对手的牙膏广告进行更深入的研究和分析，取长补短，自然不会出现这种销量回落的局面。

所以，工作最重要的是用心，用心就不会疏忽，用心就不会大意，用心就不会放过工作中的任何问题，哪怕是细小的问题。用心工作的人，对工作中的每一个问题，都会用心去处理，从小事中发现纰漏，于细节处消除隐患，精益求精，追求完美，工作自然也就无懈可击。

坤福之道

不用心，就会忽略工作中的问题，就不会从精益求精的角度来考虑工作，即便再努力，工作也不会有完美的结果，只会漏洞百出，隐患重重，或是徒劳无功，白费力气。

工作努力仅仅算称职，工作用心才能优秀

不少新员工在工作一段时间后，常常会想：为什么别人和我一同进公司，受教育程度也差不多，他们就会业绩好过我、薪水高过我，晋升快过我，更容易得到上司的认可和信赖呢？

答案很简单，那就是"用心"。工作用心的人，事无大小都用心对待，时刻用负责、务实的精神，去做好每一天中的每一件事。他们能够透过现象看本质，严谨对待工作的每一个环节。工

作再难，困难再多，他们也会想方设法去寻求有效的解决方法。他们严于律己，宽以待人，总要求自己做得比以前好，比别人好。这就是他们比我们优秀的原因。

复旦大学的学生小陈提前毕业了，成绩优异的他应聘上陆家嘴集团公司，成为该公司的一名新员工。和其他刚进入社会的年轻人一样，他也想在公司大展拳脚。然而让他没想到的是，在一个面积不大的房间里播放与集团有关的录像片就是他的工作，而且这一放就放了10个月。

在这10个月里，小陈不能与他人诉说自己的抱负，当然这间小小的放映室也不可能让他有所作为。人生第一次，他看到了现实与理想的差距。

这样的环境，相信大多数年轻气盛的人都会觉得委屈，可能会选择一走了之，另谋出路。但是，小陈最难能可贵的地方是，他马上意识到锻炼自己意志的绝佳机会就是现在。在困境中他没有选择逃避或者消沉，而是默默努力，然后静待花开。在这段时间里，他顺利完成了上级交代的每一项工作，埋头苦读了不少管理方面的书籍。在这段时间里，他克服了普通年轻人身上那种眼高手低、心高气傲的缺点。

"我当时最大的感受就是，无论你有多大的雄心壮志，你都不能要求社会适应你，而是你要去适应社会。"
后来，已经成功创业并成为公司总裁的小陈说，"在当时
的环境、当时的年纪，我可以连续10个月在一个小小放
映室里重复播放录像片，直接影响到我未来的人生。许
多年轻人都是想一出是一出，自由惯了，拒绝约束，殊
不知人先得适应社会，用心对待自己的工作，对自己用
心，对未来用心，才可以扛得住寂寞，经得起诱惑，获
得成功。"

10个月过去了，小陈终于等到了机会，当时集团的
一家分公司为员工提供挂职锻炼的机会，小陈被推选为
那家公司的副总经理。

小陈出任副总经理一职后，进行了大刀阔斧的改革，积
累了大量的管理经验，并逐渐形成了个人管理风格和与众不
同的战术，为日后自主创办公司打下了坚实的基础。

工作中不用心的人，很难有大作为；工作用力的人，勉强
算得上称职，而工作用心的人，才是优秀的。此处的"用心"，
既需要将所有精力都投入到工作里面，又需要主动思考、主动
创新。不管是大企业，还是小公司，最受青睐的就是这种用心
的人。

世上的工种很多，任何工作都需要有人去完成，有的工作岗
位很平凡，甚至在很多人看来很不起眼，但只要用心去做，便能

从枯燥的工作中发现乐趣，发现很多历练自己的机会。只要我们用心工作，就会自动自发地去热爱自己的工作和岗位，就会越来越优秀。

㊣福之道

> 工作用心不但是一种工作态度，而且还是一种工作哲学、一种工作方法。从默默无闻到出类拔萃，其实只有一个秘诀，那就是比他人更用心一些。只要用心去做，每个人都会越来越优秀。

能力有差距不可怕，心态上有差距才可怕

要说世界上最纯粹、最美好的东西，非阳光莫属。明媚的阳光能够驱散阴霾，令人心旷神怡。只有拥有好心情，才能欣赏到美好的风景。同样，我们只有拥有阳光般积极的价值观和健康的心态，才能释放出强劲的影响力。内心是一团火，才能释放出光和热；内心如果是一块冰，那即便融化了，也仍然是冷冰冰的。因此只有内心充满热量，才会释放热量。良好的心态能够影响个人、家庭、团队、组织，甚至整个社会。

众所周知，一枚硬币有正反两面，我们的人生同样也有正反两面：正面是光明、幸福、愉快、希望等，反面则是黑暗、诅咒、绝望、忧郁等。假如让你选择，你会选择哪一面呢？假如你是领

导，现在在你的面前站着一个态度积极、乐观向上、时刻抱着必胜信念的员工和一个垂头丧气、无精打采的员工，你会从这两个人中选择谁做你的下属呢？

我们对待工作应该有积极主动、自觉自发的精神，把工作当作一种享受，它是我们展现能力的舞台，也是我们学习的乐园。我们只有勤奋工作才能够不断地充实和完善自我。

 ★★★★★

何志锋在某电力公司担任工程师已有三年时间。这个职位让不少人羡慕不已，但是何志锋却感觉并不轻松。他的工资虽然挺高，但是需要经常出差，而且出差地点还大都是一些偏远落后的地区。

去年一年，何志锋有整整 10 个月都在草原上度过。他在草原上进行输电线路的建设，不仅工作强度很大，而且住宿和饮食条件都很差。何志锋和同事们没日没夜地在施工的第一线奋战，晚上就在草原上听着风声入睡，白天又要在沙尘下工作。由于地形和环境的影响，手机信号也很不好，断断续续的，很多时候连家人都联系不上。入冬以后，何志锋的团队遇到了一个技术难题，全体成员集体攻坚了几个礼拜都没有丝毫进展。但何志锋还是每天都激励大家一定要坚持住，千万不要放弃。

每天一大早，何志锋就带领同事们晨跑，放松身心。到了吃午饭的时候，他就给大家讲一些搞笑的段子，活跃气氛。尽管工作条件异常艰苦，可何志锋从来没有产生过一丝动摇，也没有半点气馁的样子。终于，赶在峻工最后期限的前五天，何志锋带领团队抢在冰冻期到来之前完成了全部工程。

在平常的生活中，我们经常会听到下面这样的抱怨："我的工作太累了，又挣不到什么钱。""我们明明做着同样的工作，凭什么他挣的钱比我多那么多？""领导为什么只看重他，把重要的任务派给他呢？"如果你在工作中一直带着这样的情绪，那么就不可能做出突出的成绩。

咱们不妨设想一下，你现在正置身于一片沙漠里，口干舌燥，身上只剩下最后的半杯水，你会怎么想？是为了只剩下半杯水而难过，还是为还有半杯水而开心？在这样的情况下，相信大部分的人都会选择后者。然而在工作中，当问题变得稍微复杂一些，我们就会迷失方向。其实，选择本身并不是最重要的，重要的是促使我们做出选择的心态。

如果你希望自己能够多一些快乐和成功，少一些失望和难过，就要学会用积极乐观的心态去面对一切。有了乐观的情绪，才有动力去积极寻求解决问题的办法。就像何志锋的团队一样，假如这个团队每天都深陷于对恶劣环境的抱怨之中而不能自拔，那么最后必定无法解决问题。正是由于在何志锋的带领下，整个团队都有一个良好的心态，因此才可以用一种更加活跃的思维方式去解决问题。

没有人不希望成功，但却并不是所有人都可以实现梦想，这归根到底还是一个心态问题。人与人之间能力有差距并不可怕，因为勤能补拙，真正可怕的是心态上的差距。一个人如果拥有积极的心态，可以乐观地面对生活，勇于接受挑战和挫折，那么他离成功就不远了。不管是在工作中还是生活中，我们都应该用阳光般的心态，积极乐观地面对一切。

坤福之道

在生活中，挫折和坎坷是无法避免的。当我们面对这些生命中的考验时，如果只懂得低头哭泣，那么心里就会阴云密布；如果我们面对痛苦时昂首微笑，心里就会燃起希望的火焰。只要我们保留一份阳光般的心态，积极面对问题，解决问题，成功就一定会来到我们的身边。

境由心生，良好心态是事业成功的助推器

出身背景、生活环境的不同，导致人们的生活际遇也有所不同。然而，人生的终点并非完全由起点决定，人的命运也不是完全由机遇、环境或者资源等外界因素决定。物随心转，境由心生，也就是说心态决定命运，一个人有什么样的精神状态就会得到什么样的人生际遇。

积极向上、勤于思考的人必定会成就一番事业，反之，消极、多疑、懒惰的人注定会失败。拿破仑·希尔是知名的成功学大师，他指出，人的差异本身很小，这种很小的差异来自你拥有积极的心态还是拥有消极的心态，成与败之间的巨大差异就是由这小小的差异所造成。

★★★★★

有四个人同行，在这里面有两个人是正常的，其余一个人是失聪的，一个人是失明的。

他们走到一个峡谷旁，那里地势险要，涧底的水流十分湍急。这是他们的必经之路，只有穿越这条河流才可继续前行，然而河上除了几根滑不溜秋的铁索在峡谷两边横亘着，其他什么都没有。在一番思考后，他们决定过河。过河的方法只有一个，那就是相互紧挨着，将绳索牢牢抓在手中，凌空前行。一开始，失明的人最让人担心，但是他却顺利过河了，只有一个健全的人不小心掉下峡谷，丢失了性命。

三个人顺利抵达目的地后，与他人说起这件事，人们都觉得不可思议。残疾人都可以过河，为什么正常人却丢了性命？莫非失明的人和失聪的人比他还灵活？大家开始询问这三个人过河的心理状况。

失明的人说，都说峡谷山高水深，十分险峻，可我是个盲人，看不见，也无法想象，只能像往常一样抓住绳索不停地往前走，没想到一会儿工夫就走过去了。失聪的人说，当时的形势的确不容乐观，可我是个聋子，听不到河流咆哮的声音，就算河水再湍急，我也没有感到害怕，从而顺利过河了。

活下来的那个正常人说，尽管当时水流很急，地势也相当险要，可我知道，我必须穿过这片峡谷，所以我集中精神，全部心思都放在过桥上，心无杂念，就这样过了河。

听他们一说，大家恍然大悟，原来丢了性命的那个人竟然是吃了耳聪目明却心态不佳的亏。

我们的一生，和攀附铁索有什么区别呢？过桥失败的人并非行动力弱，也并非天性愚钝，而是容易受身边的人和环境影响，并没有用尽全力。那么，成功和幸福自然也就变成了奢望。

拿破仑·希尔认为，人生的财富共有12种，第一种就是积极的心态。人的心态存在特殊"魔力"，可以将一切快乐、豁达（或恐惧、绝望）转化成物质财富（或厄运），并带给人们。

因此，影响人们追求美好快乐生活的主要因素不是社会地位、受教育程度或者素质修养，而是心态的好坏。要想获得美好生活，首先就要具备乐观的、积极的心态。

美国有一个年轻人生活十分拮据，哪怕将身上所有

的钱都掏出来，也买不起一件普通的西服。纵然如此，他还是全力追赶自己的梦想：做一名优秀的电影演员。

当时，好莱坞的电影公司有500多家，他根据罗列出来的名单次序，携带专门为自己写的剧本去走访这些电影公司。可惜他走了个遍，也没有得到任何一家电影公司的录用。

年轻人并没有被这100%的拒绝率吓倒，他走出最后一家没有聘请他的电影公司大门后，又开始第二轮走访，继续从第一家电影公司开始。可惜历史再次重演，这次仍然没有一家电影公司录用他。

第三次也是如此。年轻人决定再尝试一下，再努力一下，继续走访。幸运的是，这次虽然前349家电影公司依然拒绝了他，但第350家影视公司的老板同意给他尝试的机会，留下了他的剧本。

这位年轻人在数天后接到面谈的通知。在一番商议后，他的剧本得到这家公司的肯定，获得投资开拍的机会，而且男主角就是这个年轻人。

不久，一部叫作《洛奇》的电影横空而出，新人西尔维斯特·史泰龙在一夜之间火遍了大江南北。

现在不管我们翻开哪一部电影史，都会发现当中必定有电影《洛奇》及这部影片的男主角史泰龙。

★★★★★

没有人生来就愿意经受苦难。但是，困难和逆境是不能避免的，尤其对一个有志向的人来说更是如此。所以，与其在困难面前束手无策，或者在逆境中悲观失望，不如干脆把人生就看作是一种磨炼，一种考验，一种战胜困难和逆境的过程。

其实，要获得快乐，并不在于你是什么人、拥有多少财富或身在何处，关键是看心态如何。就像拿破仑·希尔所说的："你的心态就是你真正的主人，要么你去驾驭生命，要么是生命驾驭你，你的心态决定谁是坐骑，谁是骑师。"保持一个良好的心态，让自己保持向上的姿态。心在哪里，成功就在哪里。

坤福之道

心态决定命运，以乐观积极的心态面对自己，面对别人，面对所有的事，快乐就在你身边，成功就在当下。

改变职场命运，首先要从改变态度开始

在现实生活中，总有人会想：为什么我在工作上努力认真，可是混得却不如别人好呢？答案就是，你并未用心！

任何一个公司可能都有这样一种员工，虽然每天按时打卡，不迟到不早退，但工作却未能如期完成。他们认为，工作仅仅是一种应付：应付上班，应付上司，应付加班，应付各项检查工作……缺乏工作责任心和奋斗目标，每天得过且过。没有将全部心思放在工作上的人，又怎么会取得成功呢？

    大学毕业的小周虽然天资聪明，才华横溢，但工作上却不够用心，每次都是上司三催四请才完成自己的分内工作。在他看来，这公司又不是自己的，自己何必全力以赴？若公司是自己的，自己自然会像老板一样，一心一意投入到工作中去，而且做得比老板更好。

    一年后，小周成立了自己的事务所。他是这么和朋友说的，这是我的公司，我肯定会用心做好它，好好经营。可惜，短短半年的时间，小周的事务所就倒闭了，他再次奔走于求职的路上。用他的话来说，自己开公司并不简单，每天需要处理太多的事情，与自己的个性完全相反。

    转眼三年过去了，眼看着同学们一个个成为企业的精英骨干，而自己却因为工作散漫而一直奔走在求职路上，小周心里感觉很是失败。

    用心，是人们取得成功的关键。改变态度，是改变职场命运的第一步。若工作认真、积极、责任心强，就可以积累丰富的工作经验，工资也更加可观。一边享受工作带来的乐趣，一边实现自己的职场目标，这样的人生才更完美。但是，人们内心总是希望见到实质性的回报才肯去尝试、去付出。有这种想法的人，得到的回报将是极少的，更有可能一无所获。因为，要想有所回报，就必须先付出。

用心，是一种态度，是我们骨子里自带的一种进取精神。不管我们从事哪一个行业，若能够主动担起责任，积极进取，那么我们不但会得到上司的信任，还会得到同事的尊重。最重要的是，如果你用心工作，责任心强，就会得到更多有助于你职业发展的机会。

★ ★ ★ ★ ★

董明珠是我国家电行业的风云人物，是伫立在风口浪尖上的商海女性。

然而刚进入格力公司时，她曾被派往安徽省担任销售员，追回一笔巨大欠款是她当时急需解决的难题。这是前任销售员没有完成的工作，她完全不必理会，只需要做好自己的工作即可。可她执意追回欠款，原因是她认为自己既然是公司的一分子，就需要事事为公司的利益考虑。

追回欠款并非一件容易的事，然而董明珠决定向困难宣战。因为只要她认准的事，没有人能阻止她。追款的一个多月里，她过得尤其艰难，但恰恰就是这个艰难的过程，让她暗暗下决心，以后绝不会出现同样的情况，因此，她在销售过程中产生了现金交易的念头。虽然这样做的难度很高，可是她认为与要欠款比较，收现金的困难度要低一些。接下来，她主动积极地把以前计划经济以卖方为主导的做法，转换成市场经济以买方为主导的做法。虽然她不是公司的老板，但她却把这件事当成自己的事来对待，她主动联系经销商，与对方一起站店，成功开出自己的首张订单。客户被她的真诚打动，陆续与她建立长期合作关系。最后，她不但顺利追回了巨额欠款，还提高了企业销售业绩，在经销商圈子里塑造了良好的形象。

这就是董明珠，一个平凡却又做出了不平凡业绩的人，她的成功说明用心可以创造奇迹。

★★★★★

养成用心的习惯会有助于培养进取的斗志，它时刻提醒着你：要做一个成功者！认真不如用心。要想成功，必须将努力提升为"用心+努力"。

坤福之道

你想做成功者吗？那么请放下所有的杂念，真诚地去用心做事，不断地暗示自己：我很用心，我是最棒的，我一定能成功！

第二章　不为失败找借口，只为成功找方法

美国成功学家格兰特纳说过这样一句话："如果你有自己系鞋带的能力，你就有上天摘星星的机会！"不要为自己的失败辩护，要认真思考怎么做才能成功。只有在工作中养成良好的习惯，只为成功找方法，不为失败找借口，成功才会离我们越来越近。

全力以赴充实自己，别把能力不足当借口

在职场上，评判员工最重要的一个标准就是看他是否有能力。其实，对于每个人而言，整个生命历程，都需要持续地进行学习，目的就是通过学习努力提升自己各方面的能力。这个过程绝非一朝一夕之功，没有人天生能力超群，也没有人天生一无是处。

假如有一份工作我们暂时没有能力胜任，或是因为能力不足而无法完美地完成，那么这时我们要做的就是通过努力提升能力、增长才干，而不能以"我没有能力"为借口，心安理得地继续偷懒。虽然在我们的一生中，无论怎样努力，也永远做不到十全十美，但是我们只有永远保持前进的状态，才能确保自己不会掉队。

★★★★★

卢超和谢亮两人都在某中专学习汽车修理，毕业以后，两人又一起在县城的一家小型汽车修理厂工作。由于他俩刚刚毕业，没有什么工作经验，所以老板让他俩先跟着师傅学习，不用急着动手修车。

由于自身的文化水平不高，谢亮常常感觉有些自卑，平时喜欢一个人默默地闷在角落里，不大愿意与别人交谈。而卢超却完全相反，他没事就喜欢去找师傅聊天，每次在师傅修车的时候，他就凑到一旁，专注地观察师傅的操作过程。每天下班后，谢亮就迫不及待地跑

到网吧，借助网络游戏缓解压力，他认为自己已经劳累了一天，下班后就应该好好地放松一下。但卢超在下班后却并不急着走，如果还有师傅在修车，他就会留下来多看一会儿，一直等到维修车间所有人都走了，他才下班回宿舍休息。虽然卢超也喜欢玩网络游戏，但他给自己规定了时间，每周一到周五的晚上，他都要看汽车修理方面的书，只有在周末的时候，他才会出去放松一下。

就这样过了半年，修理厂突然来了一位重要客户，他的车出现了严重的故障，但碰巧几位师傅都不在，要么外出，要么请假。客户等了很长时间，师傅都没有回来，于是卢超主动对客户说："要不我们俩帮您看看吧!"客户点头同意了。

于是卢超和谢亮一起来到发动机的位置，开始检查。谢亮看着发动机，大脑一片空白。他在学校里学到的东西本来就很有限，现在当着客户的面打开了车盖，他心里更加紧张，完全不知所措。不过卢超却很镇定，他手里拿着工具，在一处接口的地方熟练地拧了几下，又来回调试了几遍，没想到竟然把问题解决了。客户对此十分满意。

后来，卢超跳槽到了省城一家大型的汽修公司工作，还在业余时间通过自学拿到了本科文凭。几年后，凭借自己多年的工作经验以及良好的口碑，他当上了某品牌汽车的技术部门经理。而谢亮则仍然在县城的那家小型汽修公司里，每天怨天尤人，不是抱怨客户的要求高，就是嫌自己的学历低，或者师傅没有教给自己手艺。

刚毕业时，卢超和谢亮都是既没资历也没能力的普通人，但他们对待"没有能力"这个问题的态度截然不同。谢亮选择了逃避，不愿意主动跟着师傅学习，下班后以压力大为借口，沉浸在游戏和娱乐里麻痹自己，不愿意提高。在谢亮心里，"没有能力"不是一个急需解决的问题，反而成了他不思进取的理由。

在现实生活中，我们经常会听到有人抱怨自己没能力，久而久之，借口就成了理所当然的事情，成了推诿和拖延的理由。有的人为了确保自己的利益不受损害，把自己的无能当作借口欺骗公司、欺骗别人，同时也欺骗自己。就在你为自己的无能寻找各种借口的时候，其实时间已经从你的身边悄悄溜走了。

卢超能够勇敢面对自己能力不足的问题，他觉得自己既然能力有限，那么就要尽量想办法去弥补。所以他没有自怨自艾，而是利用业余时间自学，并积极主动地向身边的人请教，将问题当成前进的动力。通过几年的不懈努力，最终他获得了职场上的成功。

职场精英不会在生活和工作中寻找借口，特别是不会将自己能力不足当作借口。但很遗憾，大多数人始终无法摆脱找借口的坏习惯。当自己的能力暂时不足以胜任一项工作时，人往往很容易出现抱怨、推诿、迁怒的情绪，甚至愤世嫉俗，似乎没有能力全是别人的错。借口实质上是一个纵容自己、敷衍他人的挡箭牌，一件掩饰自己的软弱、推卸责任的法宝。有多少人都把宝贵的时间和精力浪费在了寻找一个合适的借口之上，忘记了提升自己的能力才是解决问题、走向成功的根本。

坤福之道

> 我们应该学会不找借口，利用一切可能的时间和机会充实自己，提升自己的业务水平和工作能力。不要把自己的能力不足当成挡箭牌，而应把它作为工作中急需解决的问题，这样才有机会获得职场上的成功。

与其一味抱怨别人，不如多做自我反省

曾经有一家大型资讯网站发起了一项关于"职场抱怨状态"的调查，共有5000多人参与了调查，结果显示：每天抱怨1~5次的人占65.7%，每天抱怨6~10次的人占13.8%，每天抱怨11~15次的人占3.7%，此外还有4.8%的职场人表示，自己每天抱怨次数高达20次以上，只有12%的人表示自己从来不抱怨，或者没有意识到自己是否抱怨。

身在职场的我们难免会因为各种各样的因素而发出抱怨，然而可怕的是，很多人将抱怨变成了一种习惯，而从未想过应该多找找自身的原因。

抱怨就和口臭一样，我们通常很容易发现别人在抱怨，但是却对自己口中发出的抱怨充耳不闻。抱怨也是工作无法有效落实的主要障碍，当一个人在抱怨的时候，或者处在抱怨的情绪当中时，他的能量在减少，信心在降低，身心都处在一个无力的状态。当我们发现自己满腹怨气的时候，其实最应该做的就是闭上嘴巴，静下心来好好想想，问题的根源是否恰恰就是自己。

★★★★★

曾磊在一家外贸公司工作三年了，他平时经常在朋友面前吐槽他的公司："在公司里我干得最多，但却没有一个人看到我的价值，太不公平了！"他的朋友说："你做的那些工作本来就没什么价值，这有什么好抱怨的？"原来，曾磊所在的公司是一家中型企业，业务比较繁忙，曾磊在公司里还属于新人，经常被委派去处理一些诸如整理材料、文档分类之类的杂事。这些工作尽管做起来费时费力，但起到的作用只不过是让其他同事工作起来方便一些而已，所以大家根本不会注意曾磊的努力。在朋友的启发下，曾磊终于意识到：同事看不到自己的工作价值，并不是因为他们没有眼光，而是自己所做的这些工作本身就没有太大的价值。于是，曾磊暗暗下决心，一定要在业务上面多花心思，从而赢得他人的尊重。

通过一段时间的不懈努力，曾磊签下了第一笔外贸订单，但老板还是不满意。于是，曾磊又向朋友抱怨："老板的要求也太高了，我千辛万苦才签下了第一单，他却一点都不看在眼里。"朋友却不以为然地笑着说："你们公司那些老员工签的每一单合同额几乎都是你这单的十倍以上，你有什么好说的？"

曾磊第一单签约的对象是个新客户，彼此并不十分熟悉，加上他的经验不足，因此不敢主动和客户有更多的接触，导致双方的沟通并不顺利，后续没有签下来更大的订单。朋友的话让曾磊恍然大悟，他开始对自身进行深刻反省，思考老板对自己这一单不满意的原因。他觉得问题其实在于自己的能力有所欠缺，意识到自己要更上一层楼，就要向同事学习一些与客户沟通的技巧。

★★★★★

曾磊是一个善于自我反省的人，在抱怨之后，他能够意识到自身存在的问题，这种品质相当难得。在职场中难免会有不公平，我们努力工作，往往不一定会得到预期的回报。如果你感到不平衡，那就要付出加倍的努力去提高自己，光在那儿抱怨一点用都没有。与其抱怨老板给你的薪水太低，不如努力工作，用自己的表现让老板给你加薪；与其抱怨公司加班太多，不如想方设法去提高自己的工作效率；与其抱怨公司不能给你提供好的发展平台，不如专心打造自己的核心竞争力……其实，在每一种看似合理的抱怨背后，都会有更好的选择，那就是反省自己，努力改变现状。

抱怨有百害而无一利，你只有把抱怨别人的情绪转化成上进的力量，才有可能获得成功。我们在日常生活中，难免会遇到挫折和困难，偶尔有一些抱怨也是人之常情。然而，经常抱怨的人就像是往自己的背包里塞石头，抱怨越多，背包就越重，行走就越困难。更关键的是，抱怨会让自己原本轻松愉快的心情变得低落，而且也会影响到周围人的情绪。长此以往，身边的朋友会越来越少，自己也会越来越孤独。因此，与其抱怨别人对你不重视，不如多多自我反省，提高自己的能力。

坤福之道

职场就像一场牌局，发到你手上的牌是什么并不受你控制，不管你拿到手的牌是什么，你唯一能做的就是反思自身的优点和弱点，然后认真打好自己手里的每一张牌，力争达到最佳效果。切记千万不要抱怨，即便职场留给我们的都是问题和磨难，只要我们勇于反思，提升自我，总会有赢得胜利的那一天。

抓住"牛鼻子"，成为不可替代的职场精英

每天清晨，你都早早地到公司。下班后，你总是自觉自愿地

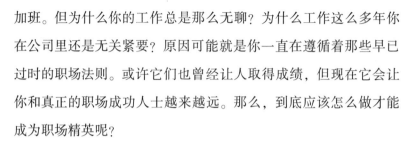
加班。但为什么你的工作总是那么无聊？为什么工作这么多年你在公司里还是无关紧要？原因可能就是你一直在遵循着那些早已过时的职场法则。或许它们也曾经让人取得成绩，但现在它会让你和真正的职场成功人士越来越远。那么，到底应该怎么做才能成为职场精英呢？

首先，要讲究效率。在职场上，效率第一。假如你做事总是磨磨蹭蹭，不能提高效率，那么不管你心地有多么善良，工作态度怎么认真，你的领导也不会重用你。

★★★★★

晓蓉是某企业一位新入职的会计，每天都要处理大量的报表，但是她从来不抱怨，一直勤勤恳恳地从早忙到晚，有时甚至都顾不上去上厕所。但领导还是对她很不满意，这是为什么呢？就是因为晓蓉的工作效率不高，交给她的任务经常无法及时完成。

后来，晓蓉改变了工作方式，她尝试着把自己的工作划分成几个可独立完成的子任务，每个子任务又分成好几个比较容易解决的问题。这样一来，工作就变得有条理多了，处理起来就更加顺手了。每天早晨，她不必再一头扎进报表里，而是先把当天需要完成的工作一一列出，然后安排好优先级和先后顺序，按部就班地分步进行。

在安排顺序的时候，晓蓉会把较复杂又艰巨的工作尽量放在前面完成，而把那些简单的工作放在后面。为了避免工作不能及时完成，晓蓉给每一个工作任务都定下了最后完成的期限，这样就避免了因为自己的失误而影响其他人的工作。渐渐地，晓蓉发现领导开始在部门会议上表扬自己，而同事们也再没有人在背后抱怨她的工作拖累了别人。晓蓉的工作受到了大家的认可，她与同事的关系自然也越来越好了。

从晓蓉的身上，我们可以看到提高工作效率并非一件难事，只要我们运用一定的方法，就可以让工作变得井井有条。埋头苦干固然很重要，但是提高效率才是职场人成功的关键。

其次，要学会主动承担责任。我们不仅要把自己分内的工作做好，还要争取成为领导和同事的好帮手。当领导和同事遇到困难的时候，作为团队的一员，应该主动帮助他们排忧解难，而不要总是拿一些琐事去给领导和同事添麻烦。如果这些难题我们自己解决不了，那也可以从细节方面为领导和同事提供一些便利，减轻他们的压力。这样做不仅可以改善我们的人际关系，而且也可以让我们的职场之路更加顺利。

小游大四那年，得到了去一家大型的跨国公司实习的机会。年底的时候，公司的业务繁忙，很多员工每天都不得不加班到很晚。同事老李除了负责为加班的员工

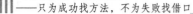

订餐，每天晚上还要等所有人都离开后，检查一遍公司的所有设备以确保安全之后才能锁门回家。老李的家中有一位卧病在床的老父亲，每天这样加班让他非常为难，但公司一时之间也找不到其他的解决办法。这时，小游主动提出，自己愿意替代老李负责这些琐碎的工作，好让老李在完成工作任务后，可以准点下班照顾家人。老李万万没想到这项苦差事竟然会有人愿意主动承担，不禁在心里暗暗感激小游。

在小游整个实习期间，老李主动给小游传授了很多宝贵的工作经验，还十分热情地为他介绍部门里的人事关系。小游在老李的帮助下，最终顺利通过考核，成为该公司的一名正式员工。

勇于分担责任是一项优秀的品质，也是职场生存的基本条件。不管你的职位高低和能力大小，也不论你所在的企业是何种性质，你都可以在力所能及的范围内为领导或者同事分担责任。小游就是因为做到了这一点，这才成为公司里成长最快的新员工。

最后，要学会沟通。有效沟通不仅仅是一门艺术，也是一项社会生存的技能。在职场中，我们有大量的事情需要与人进行沟通，这些沟通的形式多种多样，包括会议、电话、微信、QQ、电子邮件等。其实不只同事间需要进行沟通，上司和下属之间也需要时常保持沟通，这样才能让公司正常运作下去。那么，怎样才能进行有效的沟通呢?

 ★★★★★

　　赵亮是上海一家大型软件公司的销售总监，他的顶头上司林总是技术出身，由于林总以往的工作重点长期在研发领域，所以他对销售所知甚少。林总经常干涉销售部的事，赵亮碍于面子，即使林总有些地方说错了，也顺从地照办。没过多久，销售部的体系被搞得一团糟，业绩一落千丈。一时间，高层震怒，下属埋怨，赵亮这位曾经在圈子里鼎鼎大名的销售精英声名扫地，有苦难言。

　　经过一番考虑，赵亮决定改变沟通的策略，他首先把自己过去的失败经验写成一份总结报告，对自己过于散漫、不够努力进行了深刻的检讨，然后提出了挽救和解决的方案。为了得到林总的支持，他特地分析了当前的市场背景，并列举了同行业公司的一些成功案例。同时，他还主动出击，在林总还没有开始发表意见的时候，就把处理事情的几种方式、途径以及每一种方案的利弊等都详细列了出来，然后再拿去请林总提意见。这样，哪怕林总再不懂销售，也会知道采用成本最低、收益最多的那套销售方案。

　　就这样，赵亮运用了巧妙的沟通技巧"搞定"了林总，从此以后他的业绩开始节节上升，最终得到了公司董事会的认可与赞赏。后来，林总渐渐地退居幕后，将更多的时间花在了自己的专业上，不再对自己不熟悉的销售领域指手画脚，公司运营从此进入了高速发展之路，赵亮的各项工作开始一帆风顺，蒸蒸日上。

★★★★★

从赵亮的经历中，我们不难得到这样一个启示：成功的必要手段之一就是良好的沟通技巧。沟通策略是一种温和的方式，可以充分照顾到各个方面的问题，有效提高工作效率。

坤福之道

> 讲究效率、勇于分担责任和注重沟通，这些都是职场精英人士的成功法则。我们在工作中，如果可以做到这三点，相信成功离我们一定不会太远。

做事拖延的人，总能找到五花八门的借口

在职场上，我们经常会听到各式各样的借口：上班迟到了，就借口"路上堵车""闹钟坏了"等；生意失败了，就借口"对手实在太厉害了"。太多的人习惯于回避自身的原因，不懂得用行动去避免问题再次发生。长此以往，他们就会养成一个习惯：明明可以现在做的事情，却非要拖到以后去做。于是就理所当然地不立刻采取行动，同时也没有真正放弃自我安慰。他们一边固守着自己的生活方式，一边又做着自己将要改变的声明，实际上这种声明并

没有任何意义，只不过是一种拖延的借口而已。

一般来说，拖延症患者们也喜欢找借口，每当需要他们付出劳动或者做出选择的时候，为了让自己能够轻松、舒适一些，他们就会找出一大堆借口来安慰自己。

刘欣在某公司当了四年的项目经理，对公司里的各项工作早就轻车熟路。最近一段时间，刘欣养成了拖延的毛病。一开始他只是在家里做家务的时候磨磨蹭蹭，后来他逐渐把这个习惯带到了工作中。

前不久，刘欣接手了一个项目，领导要求他在周五的时候提交一份项目进度报告。这份进度报告需要的PPT和文档并不复杂，材料也都是现成的，因此他并不着急。他在周三上午接到任务后，就一直坐在电脑前，然而两个小时过后，报告只做了一个封面。

刘欣心想，这个报告对我来说只是小菜一碟，只需要一两个小时就能搞定，也不急这一会儿。于是他一边听着音乐，一边打开电脑的浏览器，看着网上的新闻和娱乐八卦消息。时间就这么一点一滴地过去，转眼到了下午，刘欣又突然接到一个任务，周四需要他出差一天。在这个时候，照理说刘欣应该尽快完成进度报告，但他又开始给自己找借口：明天就要出差了，有很多东西需要整理，不如我先下班回家收拾东西吧！就这样，这份报告被他拖延了过去。

　　周四的晚上，刘欣结束出差回到家里时已经是凌晨一点了。他坐到电脑前，感觉自己的上下眼皮在不停地打架。于是他又开始安慰自己，先睡半个小时，等恢复体力后再写吧。没想到他一倒在床上后就睡死过去了，等睁眼的时候发现已经十点多了，PPT和文档已经来不及准备了。刘欣连忙慌慌张张地赶到公司，匆匆忙忙地勉强把报告做完，但是效果很差。领导对刘欣十分不满，扣掉了他当月的绩效奖金。

　　在上面的故事中，刘欣反复地为自己找借口，其实就是在一再地拖延。这样的人没有担当，一心只想找借口逃避责任，为无法按时完成任务而想出千百种理由来为自己开脱。这类人显然不可能成为好员工，也不可能拥有完美而成功的职业生涯。

　　在拖延的背后，其实是人的惰性，而借口则会助长这种惰性。想必大家都会有这样的经历：清晨的时候，你从睡梦中被一阵闹钟惊醒，心里知道自己该起床上班了，但是却依恋着温暖的被窝，一边对自己说该起床了，一边却在不停地找借口让自己"再睡一会儿"，就这样又躺了5分钟、8分钟、10分钟……相信这样的情况都或多或少地在许多人身上出现过。

　　今天该做的事却要拖到明天完成，现在该打的电话却要等到一两个小时后才打，这个月该完成的业绩却拖到下个月，这个季度该完成的进度却要等到下一个季度……喜欢拖延的人总是可以找到合适的借口：工作太无聊、太辛苦，压力太大，任务太多，工作环境不好，老板的管理有问题，工期太短，预算太少……

这些人无法将工作做好，为什么却这么擅长找借口，这个问题的确值得好好深究一下。无论他们用了多少方法去逃避责任，该做的事最终还是得做。其实，拖延是非常折磨人的，随着任务完成期限越来越近，工作的压力会越来越大，会让人觉得更加疲惫不堪。

拖延是一种不良的工作习惯。每当要付出劳动或是面临选择时，有些人总会为了让自己过得轻松舒服些而找一些借口，以此来安慰自己。可是这些轻松和舒服最后都会以自己在职场的前途为代价。现在，你还愿意过这种为自己找借口、拖延的生活吗？如果不愿意，那就赶紧行动起来，彻底消灭拖延症，迎接成功的人生吧。

坤福之道

> 有的人常常把"拖延时间"归咎于外界因素，总要去找一些敷衍上司或者其他人的借口。其实，这些人是在敷衍自己，拖延时间的是自己，由此而受害的必然也是自己。

从拖延怪圈中摆脱出来，才有可能成功

你是否也曾经有过这样的经历：一上班坐在办公室里开始写一封工作邮件，却只开了一个头，或是迟迟没有下笔，到了中午

也只写了几行；一张堆满杂物的办公桌，经常找不到重要的文件，周一到周五每天都想着要好好整理一下，却拖到了周末也没有行动；早在一周前就接到通知要出差，但还是非要磨磨蹭蹭地拖到最后一刻才想起要收拾行李，然后才匆匆忙忙地一路狂奔着去赶即将起飞的航班。对于无法逃避的工作和任务，我们总是在拖延，这是普遍的人性弱点，它或多或少地占据着每个人的内心。

许多人会把自己的失误或遭遇的失败归咎于拖延。"我的失败只是因为我拖了一会儿。"拖延症患者们将这句话当作一根救命稻草，紧紧抓着不放，这句话背后的潜台词是："如果我不拖延，就不会失败；如果我不拖延，本来是可以成功的。"他们没有想到的是，他们越是想通过拖延逃避失败，就越容易深陷失败的泥潭而无法自拔。

★★★★★

张南在某公司担任技术主管，一直以来工作上勤勤恳恳，在公司里的人际关系也很不错。但是最近一段时间，他休了一段长假。休假回来后，张南却始终没有把自己的工作状态调整过来，他依然像假期时一样晚睡晚起，工作的时候没精打采，特别容易分神，效率十分低下。一个月时间里，就造成了两个大项目的工作进度延迟。张南的心里很清楚自己应该快点打起精神来，但他仍然忍不住想要看网上的旅游攻略，以及回忆自己美好的假期时光。面对那些被张南拖延的工作，张南的领导大发雷霆，严厉地训斥了张南一通，并把原本属于他的工作任务分摊给同部门的其他同事。

　　张南原本在同事中有着不错的人缘，但这次他不仅连累了部门的所有人和他一起挨骂，还无端地增加了其他同事的工作量，大家对他的态度都有了转变，对他开始不满。张南急于弥补自己的过失，于是接连和三个老客户签订了合同，可是真的到了项目交付的时候，他还是被拖延症缚住了手脚，三个项目都没有达到预期的效果。三个客户在气愤之余，都来到张南的公司投诉他。内忧外患重重，张南最终被迫引咎辞职，为自己在工作上的拖延付出了惨痛的代价。

　　人是一种社会性的动物，没人能够脱离社会而单独存在。作为社会的一分子，每个人都在自己的圈子里扮演着一个又一个不同的角色，和一个又一个的人产生交集。尽管这些交集让人喜忧参半，可是从我们自身来说，最起码应该完成自己的那份工作，不给别人添麻烦。

　　张南正是由于自己的原因，给其他同事增加了工作量，从而影响了他在单位里的人际关系。后来，张南仍然没能积极改正自己的问题，还因为拖延而未能及时完成客户的项目，这些做法都是职场的大忌。

　　每个人在社会中都只是一个微不足道的个体，可是当我们步入职场，就意味着要承担起做好一项工作的责任和义务。拖延或许对于个人而言只是一件小事，但是到了职场上就会演变成一场大灾难。拖延行为会让我们辛苦建立起来的人际关系毁于一旦，也会从事业上、心理上摧毁人际关系得以维持的纽带，断送我们在职场上的诚信和执行力，破坏我们原本愉快有效的合作关系。

大多数的拖延者每当接下一项新任务后，都会陷入这样一个"情绪怪圈"：这次我要早点开始——我得立刻开始——我不开始也没事——还有时间——我到底怎么了……如此恶性循环，不断陷入自责之中，然后就在心里暗暗发誓："我再也不会拖延了。"在这个过程中，他们不断地拖延，希望用拖延避免失败、避免不愉快的心情、避免遭到他人的嘲笑，可是结果却往往适得其反，最后他们只会越拖延越失败。

拖延会带来看似永远无法完成的工作，由此给自己造成巨大的心理压力，严重损害我们的身心健康。换句话说，越拖延，我们就越烦躁；越拖延，我们的压力就越大。同时，拖延会导致长期无法按时完成工作，从而为个人带来巨大的诚信缺失，这将会为我们带来难以弥补的损失。

而且，拖延会令人停止学习和总结，导致我们的能力不断下降，长此以往，甚至可能会让我们退化到连新人都不如。拖延所带来的无用感和空虚感，最终会摧毁一个人的意志，击垮一个个原本优秀的职场人。拖延对我们的工作有百害而无一利，因此我们只有尽快从中摆脱出来，才有可能成功。

> 如果对拖延的危害没有清醒的认识，你将会深受其害。在不远的将来，你或许会为自己拖延浪费的那些时间，为自己拖延而失去的那些机会、错过的那些精彩而深深悔恨。

今日事今日毕，莫把小麻烦拖成大问题

对于很多人来说，工作时或许都有过这样的场景：在编写文档的时候偷偷浏览一下新闻，或者在制作 PPT 的时候偷偷登录一下微信与好友聊几句。殊不知，正是这些看上去似乎无伤大雅的"小节"在一步步影响我们的工作进度，延缓我们工作的脚步，然而想要根治这个问题也并不容易。

假如以上情况只是偶尔发生，那么问题还不大；可假如发生的频率很高，甚至成了自己根深蒂固的习惯，那就应该引起重视了。这些情形说白了就是拖延，是一种很普遍的心理和行为现象。每个人都会或多或少地有一些拖延习惯，轻微的话就是小毛病，严重的话就形成了拖延症。但无论是轻微还是严重，对于我们的工作和生活来说，拖延都不是件好事。在我们的日常工作生活中，有无数人深受拖延症所害而不自知。

长时间的拖延容易导致情绪焦虑，因为习惯拖延的人总是无法达到自己的目标，拖延到最后成了恐慌，于是就开始否定自己，贬低自己，从而产生焦虑，严重时甚至会产生厌世情绪。拖延还会带来一个更严重的后果，那就是很容易将一个小问题拖成大问题。

　　小林是某市直属医院的外科实习医生，他总喜欢把工作拖到最后一刻才去做，就算已经当了实习医生，他依然没有改掉这个毛病。在老师带领实习医生查房的时候，他总是要么去上厕所，要么就是去做清洁。每次都是等到大家走到了第二间或第三间病房的时候，小林才急急忙忙地跟上来。老师为此多次对小林提出了批评，但小林却觉得老师小题大做，始终没有放在心上。在小林看来，查房只不过是日常例行工作而已，早到一点晚到一点根本无关紧要。

　　有一次，小林在医院值夜班，凌晨时突然来了一个急诊患者，不巧当班医生在半个小时前进了手术室，所以小林这个实习医生只好上阵了。经过简单诊视以后，他认为患者的病情并不严重，于是他决定给病人用药稳定病情，然后再做进一步检查。本来小林的诊断没有问题，只要立刻给患者用药就可以帮助他缓解症状，但小林偏偏在这个时候接了个电话，讲完电话之后他才开始四处找处方单、给病人开药，然而就这么拖拉了一阵子，病人竟然支撑不住，突然晕了过去。小林这才大惊失色，连忙对患者进行了抢救。
虽然病人最终幸运地脱离了危险，但小林却因为这次
的延误治疗而被医院开除了。

从小林的遭遇中，我们不难体会到拖延的可怕。本来如果小
林对病人进行及时救治，病人根本不会有问题，但小林没想到的
是自己的拖延竟然让病人身陷险境。人们在面对工作中的小麻烦
和小问题时常常会想，我如果拖延一会儿，麻烦和问题可能会就
此消失，起码也会减小。但实际上，麻烦和问题并不会因为人们
的逃避而消失，可能反而会变得更加严重。当麻烦和问题变得更
严重时，人们就更加想去回避和拖延，于是就形成了恶性循环。

俗话说"千里之堤溃于蚁穴"，工作中的小问题一旦没能及时
解决，就会演变成大麻烦。如果我们养成了一拖再拖的习惯，那只
会让情况越变越糟。那么，我们该如何才能改掉拖延的坏毛病呢？

首先，当我们在面对一项工作或任务的时候，应该经常展开
自我追问：我是不是对自己没有信心？我是不是不能很快地搞定
这件事情？我是不是太差劲了？当我们这样反复地询问自己的时
候，就会产生一种紧迫感，明白一件事情不可能一次性完美解决，
更需要后期的反复调整。着手干起来的时候，才会发现最好不要
拖到截止日期才完工，提前一点才有更多调整的机会。

其次，我们还要定期自我施压。要明白事情提前做或者滞后
做只是时间上的差别，在难度上不会有丝毫变化。懒惰是人的天

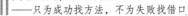

性，没有压力就没有动力。当你回头去看的时候，你就会发现，消灭拖延其实并没有你想象的那么困难。

再次，切记一定要拒绝完美主义。我们如果一开始就想着要把事情做到完美，无疑会给自己造成巨大的压力，于是就会在不知不觉间通过拖延来减压。我们的大脑会迅速将这些任务与压力联系到一起，于是本能地产生抵触的意识，而最常见的应对办法就是推迟延期。在这个世界上，完美的人和事物并不存在，承认这一点非常重要。

最后，要制订计划。打破拖延最好的办法就是制订计划。不管是对于工作还是学习，我们都要为要做的任务设定一个计划。当制订完计划以后，大目标也就可以被分解成一个个的小目标。每当完成一个当前的小目标，就会离整个大目标更近一步。渐渐地，你会发现自己的执行力变强了。

现代职场，人与人之间的联系变得越发紧密，我们个人延误的一个小问题，可能最终会累积成为危及他人的大问题。因此，在这种情况下，我们每个人都应该杜绝拖延。如果我们可以做到制订合适的计划、经常自我反省、不要过分追求完美主义，相信成功离我们就不会太远。

坤福之道

从现在开始，让我们都能做到今日事今日毕，做更好的自己。

失败不可怕，可怕的是在拖延中丧失勇气

在现代社会，拖延症已经成了一种普遍的现象，甚至成了一种时尚。人们时不时就会在自己的朋友圈或 QQ 空间提起"拖延症"这三个字。有些人也会在夜深人静的时候对天许愿，信誓旦旦地表示要改掉自己拖延的恶习，可是过不了几天又故态复萌了。

那么，到底什么才是引起拖延症的真正原因呢？有人说是因为懒，有人说是因为没有时间观念，有人则说是习惯问题，这些说法固然都有一些道理，然而如果我们冷静下来，诚实地面对自己的内心，就不难发现，我们的拖延在很多时候仅仅是因为害怕失败。

★★★★★

黄明杰五年前从大学毕业后一直在一家医疗器械有限公司任职，他在工作上勤勤恳恳，入职的第三年就被提升为部门经理，是公司的所有部门经理中最年轻的一个。可是，这两年黄明杰却明显失去了刚入职时的那股激情，工作效率从原来的第一名跌到了第三，去年更是跌出了业绩排行榜的前十。

面对领导的指责和下属的质疑，黄明杰心里说不出的郁闷，自己到底是怎么了？论年龄，黄明杰今年刚满27 岁，精力十分充沛；论人脉，现在他的人际关系比起

当初不知道好了多少；论能力，五年的工作经验和努力摆在那里。那到底为什么工作效率还下降了，业绩也始终提升不上去呢？

其实，黄明杰心里十分清楚，自己的问题在于拖延症。五年前的自己一旦接到领导派下的任务，恨不得当天就立刻做出工作计划来，即使熬夜也心甘情愿。紧接着就马上联系客户，和同事分工合作，在很短的时间内就把问题解决掉，有时候还能发现外延问题，并主动出击，查漏补缺。对于工作的每一个中间环节他都会争分夺秒，绝对没有半分犹豫和退缩。

但是，黄明杰随着工作经验越来越多，顾虑也日益增多，每次领导给他派下任务，他总想着再等等看，会不会有变化，凡事都要求稳妥。直到其他各协作部门都陆续给出相应的计划方案，他才会开始着手准备。尤其是在他当了部门经理之后，每次分配工作的时候都恐怕不能服众，总想考虑周全一点，分配均衡一点，结果变得优柔寡断，失去了当初的那份果敢。一处拖延，处处拖延，现在下属不服他，同事轻视他，上司对他也开始不满。其实，黄明杰的初衷是好的，就是要等到事情做到最完美的时候再推出来，如果再深挖他内心原因的话，不难发现其实他就是担心出差错，害怕失败。

去年的国庆期间，黄明杰接到了一份推广新产品的任务，需要与公司的其他部门合作完成。同事早早就写好了策划案，黄明杰作为这个项目的主要负责人却迟迟没有给出修改意见。黄明杰当时的想法是，新产品本身还不是很完美，那么我们的活动应该着重突出其优点，避免暴露短板。他的想法固然没错，然而他却迟迟没有迈出行动的第一步。他害怕推广活动会遭到消费者的质疑，受到领导的责怪，于是把自己关在办公室里，整整一个星期都没有回家。在这一周时间里，黄明杰的心里翻来覆去只有一个念头：我是公司里最年轻的部门经理，前程无量，所以我不能犯哪怕一丁点的错误，一定要保证绝对完美，否则就绝不把产品推上市。然而，他却没有做出任何实质性的决策。

让黄明杰没想到的是，他的这次拖延给公司造成了极大的损失。新产品的推广活动整整推迟了一个月，结果被竞争对手抢得先机，率先在市场上推出了同类产品。黄明杰因此被公司降薪降职，领导为此特意找他谈话，希望他今后能够提高办事效率，不要瞻前顾后，犹豫不决，早日恢复他最初的工作状态。直到如今，黄明杰仍然大惑不解："当初那个当机立断的自己到底哪儿去了呢？"

以上案例中黄明杰的遭遇令我们惋惜不已。其实，在大多数

人的身上，都多多少少有一点黄明杰的影子。我们曾经有多少次把作业拖到假期结束，还没有开始动笔？我们曾经有多少次把手里的表格拖到其他部门的人都找上门来不停催促才开始计算？我们曾经有多少次由于自己手里的一个小环节而拖慢了整个团队的进度？

我们其实并不是不想负责任，更多的时候我们只是想着：现在我已经很困了，写出来的报告可能会有很多错误，还是先睡几分钟，养足了精神了再写吧；现在这份报表并不着急要，还是等我先理一理思路，等理清了思路再写吧。正是这些"一会儿""几分钟"无形中降低了我们的工作效率。究其原因，就是因为怕犯错、怕失误的心理在作祟。由于渴望完美而拖延，最终得到的结果却无法令人满意。

治愈拖延症的方法并不难，那就是摆正心态，无所畏惧。有时候，我们需要有放手一搏的勇气，要有敢闯敢拼的精神，否则，我们终将一事无成。失败并不可怕，可怕的是在一再的拖延中，丧失了尝试的勇气。

坤福之道

> 既然害怕失败会引发拖延，那么要想克服拖延，就要对自己的恐惧心理进行调适，让自己不再害怕面对失败。只要你知道自己需要做出改变，并且知道如何改变，那就可以开始为克服拖延而行动了。

第三章　问题就是机会，
逃避问题就是放弃机会

　　有一些员工认为，问题就是麻烦、困难、拦路虎，因而宁愿绕过问题，也不愿面对问题，解决问题。这其实是一种很愚蠢的想法，也是与成功背道而驰的。因为他们根本就没有认识到，问题就是机会，而逃避问题，绕过问题，并不是在为自己省事，而是在放弃一个进步或是创造业绩的好机会。如果你能发现一些别人发现不了的问题，那么你就能从众人中脱颖而出。

全面正确认识问题，才有可能解决问题

在职场上，我们常常会被各种各样的难题困扰，一旦我们无法顺利解决这些问题，就会产生这样一种想法："谁来帮帮我？"

许多年轻人刚进入职场时都会出现这种情况，当自己解决问题的方法不被部门领导或同事接受时，哪怕一意孤行用个人方法去处理，问题仍然得不到有效的解决。此时，不少人就会产生疑惑："这究竟是怎么回事？"

不管是新进职场的菜鸟，还是职场老人，问题的处理方式都是一样的，就是只有先认识问题，才有可能解决问题。

对问题的理解有限，只是流于表面，是问题得不到合理解决的主要原因。因为我们通过表象仅仅找到解决问题的线索，而非找到直接解决问题的科学方法，只有深入地认识问题，探索问题的解决路径，才可以真正解决问题。

~~~~~~~~~~~~~~~~~~~★★★★★

　　作为公司新员工，张萱毕业于名牌大学，有着清秀靓丽的外表，在上海一家化妆品公司宣传部负责策划工作。对于自己初入职场的首份工作，她倍加珍惜，并确定了自己的目标：积极工作，争取得到部门领导的赏识，三年内实现升职加薪。尽管每年都有机会，但是要保证自己的工作能力得到公司领导和同事的认可，让领导诚

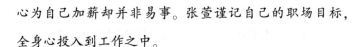

心为自己加薪却并非易事。张萱谨记自己的职场目标，全身心投入到工作之中。

张萱进入公司的首个任务就是推广宣传企业全新的App。她暗自努力，认真分析了企业产品特点以及消费者购物体验后，制作了一套自认为天衣无缝的方案，并抢在同事前面发给经理。当发现同事的宣传方案还没有做好时，她心里暗暗得意："你们就别想和我争了，最好的方案肯定是我的。"

但是，经理在会议中并没有提及张萱的方案，只是对其他三位同事提交的策划方案进行了评讲，其中一个同事还得到了经理的赞赏。在快要结束会议时，经理说："在工作中，一些同事虽然干劲十足，但对问题的理解比较浅显，希望大家多点分享、沟通。"

张萱一头雾水，不明所以。通过对比自己与同事的策划方案，她发现同事的发力点和自己存在较大的差异，用于介绍App的篇幅不多，大部分篇幅是对另一个企业同类产品的贬低。张萱认为，这份方案谈不上优秀，对企业App的解读比较少，一带而过，没有突出人性化优势；尽管用相当诙谐的词语去贬低竞争对手的App，符合潜在客户的需求，却未免过于犀利。但是，这份方案是怎么得到经理青睐的？

自己苦心钻研的策划方案就这样被忽略了，张萱心里一百个不乐意。她喜欢直来直去，经过一个中午的思考，决定下午直接向经理要个说法，问个明白。谁料经理淡然一笑，问张萱："你对问题的认识必须要全面，从一定的高度去看待问题、理解问题，而非独独抓住问题不放。你不妨再认真思考一下我说的话！"

经理的话仍然无法为张萱解开心中的疑惑，回到自己的办公桌后，她重新比较了企业 App 与竞争对手的 App，查阅了有关的市场调研报告，渐渐明白了经理所说的话。因为公司 App 和其他公司的 App 比较雷同，功能都差不多。但巨大的市场份额让公司不舍得放弃，希望可以从中分一杯羹，若能后来居上则更为理想。由于客户已经很了解这些产品的功能了，因此，公司不必用过多的篇幅去解读，反而应该借东风搭上这艘快船，增加自己的知名度，在市场中迅速获得一席之地。

虽然，宣传部要做的工作就是为新 App 设计推广方案，然而这只是工作的一部分而已，策划者应从较高的角度认识整个市场，了解市场发展走势，这样才可以获得更大的胜算。张萱并没有意识到这一点，而是坐井观天，只看到小小的世界，忽略了外部大大的世界。尽管她在描述公司的产品方面极其仔细、认真，却无法把握行业的整个发展方向及趋势。

不少刚入职场的员工都有过张萱这种经历。刚入职时，不太

了解行业发展情况，很难站在较高的角度去分析问题。此时，盲目撰写策划文案，所得到的结论必将偏离现实。最糟糕的是，长此以往，他们肯定会质疑自己的工作能力，并选择逃避。所以说，人只因无法认识分析问题，才会选择逃避问题。解决问题很重要，更重要的是在认识问题的基础上去解决问题。我们之所以常常觉得问题简单，不过是因为我们忽略了问题的本质，对问题的认识比较浅显。因此，我们需要学习深入、细致地认识问题。

坤福之道

只有真正认识问题，才能够找到正确的解决方法。当我们可以从较高的层次彻底地认识问题并轻松解决问题时，也就具备了应对一切难题的勇气，而不会对问题敬而远之。

别扯什么"完美主义"，你就是在找借口

遇到问题时，不少人都出现过这样的念头："我要将这件事做好，否则，我宁愿不做这件事！"

有这样念头的人的真实想法是：我并非做不成事，而是没有做好充分的准备。也就是说，他认为以他的能力肯定能将事情做好，而且好过别人，所以，他要准备得更充分一些，免得仓促上阵。

产生这种想法的人下场只有两种：一种的确是准备做事的，打算准备充分后用尽个人力气，做好事情；另一种是为了逃避

问题而为自己找各种各样的借口，最后一败涂地。不少人都属于第二种。

★★★★★

在Ａ大学念书的时候，宫展与许龙成为室友，二人的专业都是人力资源管理。宫展来自普通家庭，性格开朗，为人爽快，有着较强的接受能力；许龙来自富裕家庭，性格较为沉稳，就是做事拖拖拉拉。

大学生活转眼即逝，毕业季马上来临了，同学们有应聘的，有考研的，也有出国的。宫展与许龙都去应聘工作。两个人在短短几天里参加了十多个招聘会，身心俱疲，苦不堪言，却毫无收获。正当二人愁眉不展的时候，忽然听说福利待遇优厚的某公司聘用了隔壁寝室的同学杜杰，原因是杜杰同学动用了家庭关系。

收到消息的宫展与同学发表一番感慨后，再次投入到找工作中去。许龙却沉默不言，心想：我找的工作一定要好过杜杰的，再不济，也要和他的不相上下。

经过数月的不懈努力，宫展终于成为一家互联网创业公司的新员工。尽管薪水不高，工作量大，但是宫展至少有了自己的工作，他对自己的工作很是重视。反观许龙，他觉得自己能够胜任更好的工作，加上父母在经济上能够继续支持自己，所以其一直奔走在找工作的路上，高不成，低不就。

就这样，两人毕业后各自有了各自的人生。五年过去了，宫展和许龙在一次同学会上重逢。经交谈得知，宫展在这五年时间里，从企业新员工做起，通过个人努力成为部门主管。许龙由于不认可自己找到的工作，不愿意"屈就"，到他看不起的公司上班。虽然他在这段时间里报考了公务员以及事业单位考试，可惜结果不尽如人意。五年过去了，他的经济来源还是靠父母提供。

★★★★★

杜杰同学利用"背景"获得好工作，宫展虽然没有背景，但也凭自己的努力找到工作，只有许龙还是没有工作。为什么会这样？难道是许龙能力不如他人？答案是否定的。主要是因为许龙逃避问题，以追求"完美主义"作为自己的借口。

许多大学生都有过这样的经历，求学时就严格要求自己，读就读最好的学校，在求职中也抱着这样的心态，希望可以找到一份较好的、不输于他人的工作。若公司不能满足自己的需求，为了不"屈就"，他们情愿放弃。但是，许龙等人并没有认真思考过，自己一直坚持的"完美主义"原则究竟对不对。

就拿大学生来说，希望找到好工作的出发点是对的，问题是能不能实现。至少是社会平均工资的两倍，享受国家规定的各种福利待遇，既要得到公司的重用，又要保证自己是发自内心地热爱这份工作……若所有大学生都是如此定位自己的理想职业的话，我们建议将这种目标放弃。

实际上，抱有完美主义的人都存在一种恃才自傲的想法和逃避现实的心态。一般人在遇到问题时，首先是思考如何完成事情，其次才去想怎样才能更好地完成事情。以追求完美的态度去做事，结果就是不肯低头、迁就，导致一无所获。

这些道理不但适用于新入职场的大学毕业生，也适用于正在创业或已有一定工作经验的人。我们做事的时候不应存在"要么不做，要做就做到最好"的心态，毕竟做事以前，谁也不知道自己的能力到底如何，能不能顺利地完成要做的事情。

因此，面对问题犹豫不决时，我们必须清楚地知道：去做，起码有50%的概率会成功；不去做，就算我们在心里盘算了一千次，就算自己的能力再强，也不可能成功。

坤福之道

> 不要让完美主义成为你逃避的借口，即便心中有完美主义，也要将其用在鞭策自己上面，鞭策自己在做事的时候把细节处理得更完善。只有认识到这一点，才可以使完美主义成为你工作上的风帆，在你的事业发展中助你一臂之力，带你驶向成功的彼岸。

有时承认现实比盲目追求梦想更重要

梦想，每个人都曾经有过。有人希望成为一名演员，有人希望成为科学家、钢琴家，也有人希望成为一名出色的作家。但是，梦想与现实的差距总是很大，许多人的工作与梦想是风马牛不相及。难道我们的梦想都败给现实了吗？当然不是。

我们长大后，能够精准地定位自己，对自己的能力有更深刻的认识，对身处的环境了解更透彻。在进行选择以前，我们首先会结合现实进行分析，目的是将问题有效地解决。因此，解决问题的前提就是接受现实。尽管一些人早就应该独当一面了，却还是拒绝接受现实，不肯承认自己能力有限的事实，而是活在自己虚拟的世界里，为了逃避现实不惜拿梦想做挡箭牌。

　　20世纪90年代，当Z市的陶静英被北京广播学院录取的时候，她瞬间成为当地的名人，毕竟Z市这个小地方从来没有人能够考取这个知名学院。有着播音专业基础的陶静英，还没上大学就被邀请为Z市消夏晚会的主持，当地电视台高层给予了她充分的肯定，让她努力读书，学有所成后回到家乡，为家乡做贡献。尽管陶静英心里甚是高兴，但她在很早以前就立志去北京发展。

　　在北京求学的四年时间里，陶静英获得了许多实习机会，要么是北京台，要么是中央电视台，再不济也是北京的广播电台。相貌端庄、声音甜美的陶静英，尽管各方面的成绩谈不上拔尖，但也称得上出类拔萃。毕业时，她如愿地留在北京，成为中国教育电视台某频道的一名记者。

陶静英真正在北京扎根以后，才知道媒体工作并没有自己想象的那么轻松。她是初入职场的新人，跑的新闻常常得不到关注，而且采访地点偏僻。一年下来，陶静英将北京郊区以及周边的村庄走了一遍。尽管她在繁华城市工作，然而她待在办公室的时间屈指可数，为了剪辑素材或者赶稿而熬夜更是家常便饭。在偏远地区采访时，住宿有干净的被褥已经难得，至于洗澡就更别想了。

有一次，陶静英像平常一样出差，司机由于严重缺觉，在进入一段相当险峻的山路时处理不当，导致车辆发生意外，车上的三个人都受伤了。陶静英因为轻微脑震荡，前往当地医院治疗，但仅仅休息两天，她就再次和摄影师（戴着颈椎牵引器）上路，直到采访任务顺利完成。回到北京的出租屋后，陶静英忍不住流泪了，是的，她喜欢记者这份工作，然而，实现梦想并没有她想的那样简单。

陶静英并非一个轻易向现实妥协的人，为了自己喜欢的工作，她愿意倾尽所有，继续前进。就这样，陶静英在北京当了八年的记者，积累了经验，增长了才干，她的父母为她感到自豪，她的同学对她敬佩有加。然而，现实是残酷的，30 岁的陶静英又到了与老单位续约的时候，这已经是第三次了。完成这次签约后，陶静英将再无后顾之忧，日后可以享受永久合约带来的福利，并继续埋头苦干。出乎意料的是，老单位爽约了。这样的现象不仅仅发生在她一个人身上，和她一起入职的员工也不例外。摆在陶静英面前的路只有两条，一是继续以合同工的身份做自己热爱的工作，一是放弃这份工作重新开始。

尽管内心很是痛苦，但陶静英在过去八年的磨砺中成熟了许多，做事果断了许多。她在一个月的时间里迅速与老单位解除合同，回到 Z 市。她的能力得到 Z 市电视台的认可，在短短的时间里，陶静英就成为当地电视台的正式工，在工作中如鱼得水。不久后，陶静英觅到良人，很快就结婚了。那年，她已 32 岁。

★★★★★

陶静英的梦想是留在大城市，有一份自己热爱的工作。她的梦想分为三部分：一是实现自我价值；二是为社会做贡献；三是提高个人能力。陶静英的个人条件非常符合这份工作的要求，然而，她还是放弃了这个梦想，原因是什么？没错，就是她置身的现实环境。一旦可观的薪资待遇没有了，美好的梦想就化为了泡沫。陶静英决定接受现实，既然自己希望生活安稳，那么就回到家乡去。

陶静英的梦想并没有脱离现实，相反二者的距离相当之近，然而理智的她还是发现了当中的问题。而反观一些人梦想不切实际，与现实相差甚远。积极进取是好的，前提是符合现实，而非追求不可能实现的梦想。

坤福之道

梦想多数是一个人年轻时候对美好事物的向往，而这种向往如果没有建立在对自身能力特点和所处环境的充分了解之上，是很难实现的。不要让梦想成为你逃避现实的借口，有时候承认现实，比盲目追求梦想更加重要。

磕磕绊绊地完成工作，总比半途而废强

完美的方案，完美的作品，或者完美的生活，对人的吸引力都是相当大的。"完美"两个字深深地吸引着许多人，人们为了做好工作中的各个细节，投入了大量的时间和精力，遗憾的是，最后连最基本的"完成"都没有做到。

工作如同考试，哪怕我们无法拿到满分，考个80分也好，至少得考个60分，总不能因为做不到满分而不交卷啊。面对各种各样的选择，我们常常是犹豫不决，无所适从，举棋不定。许多时候，我们踌躇不前并非是因为我们懒惰，而是因为我们承受过大的压力，思想负担太大。由于无法做到事事完美，结果只好将目标搁置一旁，放弃了事。

★★★★★

　　有一名记者叫帅猛，是县城一家党报的职员。由于党报是内刊，对销量不太重视，所以工作相对轻松。同事们为了补贴家用，通常在业余时间里搞点副业来做，但帅猛却没有随大流。他的时间好像被压缩了一样，常常不够用，几乎没有按时完成过任何一项任务。

　　比如，撰写一篇一千字左右的稿子，不用一天的时间，同事们就可以轻松完成从采访到完稿的整个流程。由于采访时间是硬性规定的，所以帅猛可以按时完成，但写稿他就不能按时完成了。

　　若采访任务安排在上午的话，中午以前帅猛就会回到办公室开始稿件写作，先准备写作素材，并厘清思路。他认为，思路理顺了，就不会漏掉基本环节。就这样一想就到中午，接着是吃饭、午休。到了下午，理顺的思路早已被琐事打乱了。因此帅猛就想看看新闻稿，为写作提供参考——根据现有的报道去写作，稿子的质量自然更高一些。期间帅猛认为时事新闻与个人业务有关，又浏览一番，时间就这样流逝着。

　　最后帅猛看看表，就快下班了，觉得在这么短的时间内赶写出来的稿子质量肯定不好，自己还是回家写吧。回家吃完晚饭后，八点左右他又开始启动工作模式。坐在电脑前面，帅猛心里又开始失衡了：我的薪水这么低，晚上还要加班。越想心里越烦躁，思路顿失，就想看会电视，让情绪先平静下来。就这样，一拖就拖到了凌晨一点半。此时，帅猛已经困到不行，想下笔却已是力不从心，草草写了三百字就迷迷糊糊进入梦乡。次日，无法按时交稿的帅猛又被主编痛骂一顿，并扣除了当月奖金。

我们身边有许多帅猛这样的例子。一些人为了达到"完美"，连最基本的"完成"都没有做到。这个问题我们该如何纠正？

第一，停止纠正细节。任何细节都有可能优化，问题是我们在做事时必须分清轻重，明白个中的缓急。当我们在某一大型工程或项目中负责设计工作，特别是负责其中某部分时，首先要保证整个工程项目的进度不会因你而停止或放缓，而非盲目希望自己所做的部分是整个工程项目中最好的。无论是一篇稿件，抑或是一个项目，我们都希望可以做到完美，若做不到就不能勉强，而应想方设法将本职工作做好，而不是一味地钻牛角尖。

第二，根据时间要求对任务进行细化。领导一般会要求我们在规定时间内完成工作，若你担心无法如期完成，就要对工作做进一步的细化，将其分解成多个环节，逐一完成。细化任务后，根据重要次序一一落实，罗列出需要处理的事项清单，这样不但可以起到督促自己的作用，还能够提高个人工作效率。当完成的任务被你勾掉时，既会让你产生成就感，又可以保证任务能够顺利完成。

第三，专注于自己，拒绝攀比。一般情况下，我们通过与他人比较，可以发现自己的短处并改正。然而，一味希望战胜他人，追求完美主义的心态不值得提倡。给自己的压力过大，只会增加工作完成的难度。就拿帅猛来说，他希望自己撰写的稿件优于他人，最后拿出的稿件非但没有完成，而且错字连篇。应当将攀比转化为自我发展的动力，而不是让攀比成为制约自我发展的障碍。

坤福之道

"完成比完美更靠谱。"这句话看似普通，但是有过亲身经历的人都知道，这句话其实价值千金。磕磕绊绊地完成一项工作，总比幻想着完美的情况，最终却半途而废要强得多。

只有主动承担责任，才会受到老板的青睐

老板在聘请员工时，最关注员工哪一点呢？是才能，人际关系，还是专业？其实，老板最看中的是员工的责任感。

俗话说，人非圣贤，孰能无过。任何人都有出错的可能，这是不可避免的。但是，若责任心不足，出错后本人又消极应对的话，只会使问题变得更加复杂。有时候，你认为需要你完成的任务比较简单，没那么重要，然而一旦你工作出错，所带来的后果很可能是致命的。责任心强一点，认真一点，也许就能够为企业减少许多不必要的损失。因此，主动承担责任的员

工，最容易得到企业或老板赏识。如果工作出错后，非但没有及时采取有效的举措去解决问题，而且互相扯皮、推脱责任，说明其本身就缺乏责任感。哪怕这个人工作能力再强，也不可能得到重用。

★★★★★

　　王旭就读于某重点大学中文系。毕业后，其通过个人努力，顺利成为某省电视台的一名新员工，担任编导工作。省电视台的知名度是毋庸置疑的，不但薪资可观，而且工作还为他提供了与社会名流直接接触的机会。只要顺利度过试用期，他就能够转正成为正式员工，享受丰厚的待遇。但是，出乎大家意料的是，王旭却亲手弄丢了这份工作。

　　在省电视台工作的第一个月里，王旭进入某知识竞赛节目组，主要职责是为导演搜索有关的知识性题目。在第一期节目中，有20道题是王旭独自搜集的，导演不但使用了这些题目，而且对王旭进行公开表扬，说他目光远大，定位精准。这让王旭很是受用，心里暗暗得意，认为自己在工作中从此如鱼得水了。哪料到，一些观众在观看节目后指出，其中一道题给出了错误的答案。因为这题，节目组当月不但没有如愿拿到"月冠军"的名次，而且麻烦不断。

　　通过层层追究，导演得知提供错误答案的人是王旭后，找到王旭。虽然王旭已经清楚自己的过错，并为此后悔不已，但导演的指责还是让他觉得丢了面子，于是分辩说："题目虽然是我搜集的，但也是经层层审批才通过的，我们组的领导与主持人还为此专门开会商议过，答案错了也并非是我一人造成的。"导演对王旭的辩解很是失望，决定将他调到另一个节目组。就这样，王旭从电视台编导变成舞台管理员。这让王旭很是不甘心，他认为工作是所有同事共同完成的，凭什么要他一个人承担错误？

成为舞台管理员后，王旭主要工作就是开启舞台大幕，利用升降梯让主持人按时出场。这份工作对学历和能力的要求较低，一般人都能胜任。但是，自认为受了委屈的王旭工作中心不在焉，不是提前开幕，就是延误了开幕时间，导致主持人出场时常常跟不上灯光音乐的节奏。主持人数次找王旭谈话，王旭要么说按键失灵，要么说舞台调度提示不准。因为王旭一直为自己的过错找借口，在试用期的最后一个月里，他收到了解聘通知。

王旭有才华，也有能力，唯独没有责任感。如果王旭在首次出错时马上主动承认错误，寻找问题的解决方法，如加赛重新争夺冠军或者在节目上公开向观众认错等，而非将错误推给其他同

事，他肯定不会走到被解聘的地步。职场中我们难免会出错，这些错误可能是我们个人造成的，也可能是他人造成的。在这种情况下，若责任心不强，只会推脱责任，既会损害企业的整体形象，又会让领导和同事不再信任我们。因此，发现问题时，我们最需要做的是认真思考，积极应对。

作为一线员工，我们必须懂得，在工作中领导有领导的责任，我们有我们自己的责任。当每一个人都可以做到忠于职守，各尽其责时，才可以聚沙成塔，积少成多，打造一支专业过硬的队伍。

当我们在公司担任中层管理者或最高决策人，而非一般员工时，必须时刻谨记，拥有越大的权力，就需要承担越大的责任。所以，我们要主动担负起肩膀上的责任，不让同事们失望，更不能选择逃避。

不管我们在职场中扮演着什么角色，有着什么样的身份地位，都必须主动承担责任。我们要坚信，只有主动承担责任，才能更好地分析问题，避免同类错误的发生，从而解决问题，使公司和团队继续向前发展。

坤福之道

> 我们在工作过程中，应尝试培养自己的责任感，使其转化为一种良好的工作行为。在发生问题后我们要主动承担责任，积极维护企业的利益。这样一来，不但能够与同事建立和谐良好的关系，还可以得到企业领导与同事的信任与认可。

直面短板努力提升自我，迈向成功不是梦

人为什么会成功？是运气，是出身背景，还是个人能力？人们众说纷纭，莫衷一是。下面，我们就通过两个人的经历对比进行分析探讨。

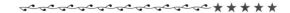

斯蒂芬·霍金是世界公认最具个性的科学家，他的个性来自家庭遗传的可能性较大。人们认为霍金家族都是高级知识分子，且行为古怪，喜欢阅读各类书籍，几乎时时刻刻都在看书。尽管霍金一家都居住在宽敞的房子里，但他们生活非常朴素，房屋的装修也异常简单，他们的主要出行工具就是一辆经过改装的伦敦计程车。

在 21 岁的时候，霍金不幸患上了卢伽雷氏症。这种病会让肌肉一直处于萎缩状态，从而导致他身体变形严重，失去了自由活动的能力，脑袋长期倾向右边。

霍金的大脑并没有因为疾病而被摧毁，他的智慧超过常人。更值得庆幸的是，先进的科技为霍金提供了许多便利，使他身体上的缺陷得到最大限度的弥补。正是凭借着自身不懈的努力及智慧，霍金成为我们这个时代影响力最大的、最出色的物理学家。

霍金很反感他人对自己的怜悯，也讨厌别人将其视

为非正常人。我们可理解这是他坚强的一种表现，但也有人觉得霍金是一个非常偏执的人。有时候，霍金会因为一些小事而怒火中烧，对待旁人的态度忽冷忽热。他一生经历了两段婚姻，均以失败告终，并为此得到两个伴侣的差评。然而，霍金并非不会管理自我情绪，在其研究的物理学领域，他总是保持着绝对的冷静和客观。

通过霍金的经历我们不难发现，他是一个伟大的物理学家，他是成功的；他有着相当优越的家庭环境，并为其带来巨大的影响；疾病使霍金变得不幸，但他没有放弃自己的理想；在成功的路上，霍金的付出之大非我们可以想象；霍金存在性格缺陷，他是一个固执到"偏执"的人，但在关键问题上他能够保持冷静。

下面，我们再看另一个人的经历。

安妮是美国一名黑人，嫁入最底层的黑人家庭，她的儿子艾弗森自出生起就成为底层的一员。那一年，安妮年仅 16 岁，还只是一名少女。3 年后，她的丈夫去世了。迫于生活的压力，安妮再次嫁给一个名叫弗里曼的人。

艾弗森和母亲前往弗里曼所居住的城市纽斯特，当地的环境更加恶劣。养父由于贩毒，在艾弗森 16 岁的时候被判入狱。从此，养家的重担就转移到艾弗森的肩膀上。他和社会底层的其他黑人青年一样，在日常生活中不是斗殴，就是犯罪。因为参加斗殴，18岁的艾弗森面临长达4年的牢狱之灾，他的一生很可能就此毁了。万幸，在公益机构的协助下，艾弗森只坐了4个月的牢就得到假释。

艾弗森从小就希望自己有朝一日能够成为家喻户晓的运动明星，篮球是艾弗森喜欢的运动之一。但是，艾弗森的身高只有183厘米，这样的身高使他认为自己的篮球梦注定要破碎。由于曾参与斗殴被判入狱，艾弗森升入大学时根本得不到重点大学的关注。最后，安妮亲自前往乔治城大学，找到了篮球教练约翰·汤普森，希望他可以让艾弗森试一下。最终，安妮的诚意打动了汤普森教练，他给了艾弗森一个机会。

汤普森通过训练发现，艾弗森虽然样貌不出众，但篮球天赋却异于常人。他天性桀骜不驯，与队员的相处却非常融洽。艾弗森终于凭着自己的能力得到了汤普森的肯定并留了下来，成为汤普森的得意弟子。在1996年的选秀中，艾弗森成功进入NBA联赛，并和队友一举夺得当年的冠军。在此后的NBA赛事中，艾弗森获奖无数，是NBA为数不多的矮个子球员中最出色的一个，成为全球球迷的偶像。

★★★★★

艾弗森的成功和霍金一样，震惊世人。有别于霍金的地方是，他的出身非常糟糕，他的成功主要来自他人的帮助。

那么，导致成功的因素是什么？通过分析霍金与艾弗森成功的共同之处，我们不难发现，他们都接受自己的不足，并想方设法去弥补。

霍金的身体缺陷与艾弗森矮小的身高是他们取得成功路上的主要拦路虎，然而，二者都成功地消除了这一障碍。同样地，许多成功人士也曾遇到过大大小小的问题，这些问题可能是身体上的，可能是出身上的，可能是性格上的，可能是经历上的……然而，这些人之所以成功，是因为他们可以接受自己的不足，而非像那些失败者一样拒绝接受现实，逃避现实。可见，认识问题，敢于接受，才可以战胜问题。

坤福之道

> 人人都要面对自己，哪怕再不认可自己，亦无法换一个身份重新来过。所以，认识自我、弥补自我就是成功的基础。从这个角度来讲，成功者其实都是一样的，他们的共性就是直面自己，不回避自己的缺陷。

迎难而上永不逃避，终会成为人生赢家

人生的输赢该如何定义？人与人不同，其出身背景、家庭条

件以及人生际遇都存在较大的差异，因此，人生的输赢是很难去界定的。我们不应太在意他人的看法，只需要在自己的能力范围内，成为自己心目中的赢家即可。

漫长的人生之旅，我们不管想成为哪一种人，在哪一个领域取得成功，都会遇到大大小小的挑战和压力。我们有许许多多的理由去放弃理想，但我们必须坚持下去，永不逃避，做人生赢家。

★★★★★

王涛出身于河北一个普通农村家庭。小时候，村里条件较差，想找出两台电视都不容易。每当王涛扒在别人家的墙头看电视时，他总会产生做电影演员的想法。大家都知道王涛的演员梦，却不以为然，认为他不切实际。年纪轻轻的王涛为人十分倔强，他悄悄藏起了自己的梦想。

一天，附近一所武术学校到王涛所在的农村小学招生。招生老师其貌不扬，身体却十分结实，精神面貌完全不同于平常人。他向学生们展示了几张照片，只见里面有一个大大的舞台，舞台上隐隐约约站着一些小朋友。招生老师说那是省里晚会表演，武术学校的学生受邀参加。老师的话深深打动了王涛，他一个劲儿地央求家里让他到武校去学习，并最终如愿上了武校。此时，王涛已经12岁了，这个年纪才开始学武并非一件容易的事，为此他吃了许多苦头，在拉筋劈腿的学习中流尽泪水，但是他不曾想过要退缩。

18 岁时王涛从武校毕业，只身前往北京追寻自己的演员梦。他和那些希望成为演员但家庭贫寒的草根一样，守在北京电影厂门口，等待一个跑龙套的角色。在这个阶段，王涛住在群租房里，一间房的租客多达十几个，他每天只花十块钱生活，其余的都省下来寄回老家。虽然家人一次又一次地劝他回家发展，做快递员或者业务员都好，收入高一些，工作量也少一些。但王涛不为所动，再苦再累也要坚持下去。

三年后，导演们渐渐注意到王涛的武术功底，他开始在一些知名度较低的影片里做替身。不管影片如何，王涛一一接了下来，哪怕一些动作十分危险，难度极高，他也毫不犹豫，并认真完成。不幸的是，王涛在演艺事业刚有起色的时候，一次在表演中由于吊威亚发生意外而受伤。由于肋骨和手臂骨折了，他不得不停工休息，剧组赔了些钱，老家的父母为了照顾他，连夜从北京赶了过来。

王涛的母亲照顾他的起居饮食，为他端茶递水，看着儿子这些年过得如此辛苦，心里很是辛酸。她深知王涛是一个特别要强的人，就这样要他回老家，他自然是心有不甘，但自己又帮不上忙，唯有心疼儿子。流泪的母亲让王涛很是惭愧，他恨自己不孝顺，无力为父母提供更好的生活，反而要母亲如此辛苦地照料自己。有时候，王涛也想过停止追梦的脚步，回家乡去，找一份稳定的工作，让父母不再为自己担心。可转念一想，逃避现实总不是办法，他清楚自己想要什么，也明白前路有多艰难。而正是前路艰险使许多人止步不前，尽管那些人也热爱这份职业。

王涛与父母沟通了多次后，父母终于默许他继续拼搏一段日子。此后，王涛的工作有了起色，尽管受伤的现象依然常见，但他还是义无反顾。其间，他结交了一个和他一样热爱武术的同乡，也希望成为电影明星，二人一拍即可，甚是投缘。从样貌的角度来说，王涛更胜同乡一筹，从武术水平的角度来说，二者不分伯仲。但是，王涛的这位同乡因为一部戏一炮而红，迅速成为名声响亮的大明星。

王涛不是没有参加那个角色的面试，可惜的是他没有被选中。看着一同拼搏的朋友一夜成名，王涛既羡慕，又忌妒。后来，他又释怀了：人的际遇并非个人可以左右，我唯一可以做的，就是继续做好我自己，坚强而勇敢地活下去。朋友的事业一帆风顺，多次向王涛伸出援手，渐渐地王涛陆续接了不少影片。尽管不是没有台词，就是扮演替身角色，但他仍然感到很幸福。后来，王涛按揭买了一套房子，组建了家庭，父母一到节假日就来看他。尽管王涛还是像陀螺一样忙个不停，生活压力也没有丝毫减少，可他乐观的心不输于十年前，而且也没有放弃梦想。

★★★★★

如果你仔细观察的话，我们身边不缺王涛这样的人。为了完成某一件事，他们遇到的阻力远远超出我们的想象，但他们敢于直面困难。就像他们说的，我没有退路，只能勇往直前。事实并非如此，人若想逃避，方法总会有的，退路也会有的。只是他们为了心中的梦想，为了让自己过上想要的生活，风雨兼程，直到战胜困难，取得成功。这种成功并非物质上有多优越，也不是声名鹊起，而是从事自己热爱的工作，收入稳定，可以养家糊口，实现自我价值。试问，有谁不想成为这样的赢家？

坤福之道

当我们遇到种种挫折和问题之时，既不应回避，也不应沮丧，而应正视困境，多想办法，迎难而上，这样才能使自己与智慧结下缘分，让磨难铸就辉煌人生。

第四章 不要沉浸于幻想，
心动更要积极行动

　　有句话说得好："一百次心动不如一次行动！"因为行动是敢于改变自我、拯救自我的标志，是一个人能力大小的证明。光心想、光会说，都是虚的，不如拿出一点儿实际的东西。美国著名成功学大师杰弗逊说："一次行动足以显示一个人的弱点和优点是什么，能够及时提醒此人找到人生的突破口。"

积极求新求变，树立突破现状的勇气

专业的知识体系、积极主动的工作态度、任劳任怨的精神、勇于承担责任的品质、对企业的忠诚、良好的人际关系、合理的职业生涯规划等，这些都是成为一名职场精英必备的素质。除了以上这些，有一点最容易被忽略，同时它也是十分重要的一点，那就是勇气。

或许有人对此不太理解，职场又不是战场，为什么需要勇气？实际上，职场中的勇气可以让人勇于突破现状、追求卓越，可以让人始终坚持正确的道路，并敢于表达自己的意见，也可以改善人际关系，让人敢于原谅那些与你有矛盾的人。然而，勇气这种好品质，很容易被我们自己的借口所吞噬。

~~~~~~~~~~~~★★★★★

朱石磊是一家培训机构的专职教师。两年前他来应聘，是被高薪所吸引，但进来了之后才明白，高薪的代价是高强度工作，而且自己的岗位缺少上升空间，薪水也已经到了瓶颈。朱石磊每周只有周一上午休息，其他的时间除了上课就是备课，或者开会，研发新课程。没有节假日也就罢了，一到每年的寒暑假更是工作的高峰期。朱石磊完全失去了陪伴家人的时间，甚至连谈恋爱都没时间。朋友纷纷劝说朱石磊换一份工作，朱石磊却说："我在这里已经做了两年了，这份工作我还算擅长，出去了我也不知道能干什么，万一找不到更好的工作怎么办？"朱石磊这样说，其实只是为自己没有勇气改变现状找一个的借口而已。

其实，人们在开始适应了一种工作之后，往往会逐渐形成一种惯性。好处是我们对这份工作逐渐上手、越来越熟练了，当碰到各种状况时能很快知道应该如何去应付。不过换个角度讲，假如我们面对每一个状况，都用同一种思考模式和同一种方式去处理的话，那么我们可能永远都不会有大的突破。因此，我们应该树立突破现状的勇气，当发现工作中出现了问题时，就要及时调整，积极求新求变，而不是沉浸在不良的情绪和为自己编织的借口中。

丁义充是一名程序员，任职于某知名互联网企业，他感到十分骄傲，因为该公司不仅待遇优厚，而且工作的氛围非常好，可以学到许多东西。公司最近签下了一个政府项目——开发医疗行业的相关数据库，丁义充也成为该项目组的成员之一。项目组的同事都是从公司研发部门抽调过来的各路精英和行业专家，还有之前参与创建地方医疗数据库的公务员。每个人都十分专业，在项目会议上发言的时候满是专业术语，丁义充每次都听得云里雾里。

在一次项目例会上，丁义充发现程序里有个小小的bug，但是没有人提到过这个问题。丁义充本想发言提出，却还是把已经到嘴边的话硬生生咽了回去，他心想自己只是个新人，经验不足，万一说错了，别人肯定会嘲笑自己水平不够，还是低调一点吧。

在接下来的一周里，丁义充反复验证，确认程序里确实有漏洞，但仍然没有勇气去跟同事提，他告诫自己："错误是大家一起犯的，出了问题也是大家一起承担，我要是现在说出来，岂不是好像显示我一个人比大家都强？恐怕会得罪不少同事，还是不说为妙。"就在此时，和丁义充一起入职的新人小赵也发现了这个问题，他立刻在例会上提了出来，并与其他同事一起讨论解决方案。不料同事们非但没有人觉得小赵冒失，反而都对他另眼相看，项目经理也对小赵的表现给予了表扬和奖励。

★★★★★

丁义充的能力原本并不差，只是缺少敢于表达自己真实想法的勇气。不管是什么公司，都需要能独立思考判断、不盲信盲从、不人云亦云的员工。我们不能为了讨好上司、老板、同事而放弃原则和立场，不顾是非对错，一味地哗众取宠。假如我们总是选择沉默、没有意见、不讲原则，只站在人多或权力比较大的那一边，那么可能确实会比较容易混日子，但这也只是暂时的，对于长远发展来说是有百害而无一利。

丁义充用了一个麻痹自己的借口，让自己错失了一次展现能力的机会。假如他一直这样下去，为自己缺乏勇气找寻借口，那么不管他的技术水平有多高，眼光多么独到，在今后的职业生涯里都很难有大的发展。

我们常常习惯于为自己丧失勇气寻找借口，但在很多时候，我们应该对自己说："没有任何借口！"这句话看似冷酷无情，却能够把一个人最大的潜能激发出来。事实上，人生中的很多错误，往往就是源于那些一直麻痹自己的借口。对于朱石磊来说，他是缺乏勇气跳出那个自己适应的小环境；对于丁义充来说，他是缺乏在大众面前表达自己意见的勇气。

坤福之道

如果我们确定好一个目标，在还没有付诸行动之前，就在头脑里为自己的止步不前提前找好了借口，就会使一些原本可以实现的目标变成了不可能。没有什么任务是不可能完成的，我们所缺乏的只是出发的勇气，假如总在为自己缺乏勇气找借口，那么成功是不会到来的。

认清行业大势，奋不顾身地投入其中

很多人都希望自己可以做一番惊天动地的大事业，然而可以真正实现这个梦想的人却凤毛麟角。要想闯出一番天地，最重要的一点就是要能看到别人看不到的地方，认清别人看不透的形势，此外还要有奋不顾身投入其中的勇气，否则只是停留在一个想法上，没有行动，成功是根本不可能到来的。

如今，互联网行业蓬勃发展，每年都吸引了大量的专业人才投身其中，而且这个行业未来依然保持着极强劲的发展势头。然而，假如我们回到20世纪90年代初，又有多少人可以看到互联网发展的良好前景呢？而能够义无反顾地投身其中的人，更是屈指可数了。

近几年来，微信成为手机上的一款流行软件，公众号也在飞速发展着，在新媒体领域确立了领导地位。晓霞在几年前开始涉足美容行业，经营着一家美容机构，业务内容有美容、美甲、护肤、化妆、造型设计等。几年下来，尽管也发展了一批忠实的客户，可是门店租金日益上涨，员工工资也水涨船高，现金流越来越紧张，营业额一直在萎缩。平时在玩微信的时候晓霞关注了一些公众号，每天都会挑选一些自己感兴趣的内容进行阅读。晓霞发现公众号是一种很好的媒介，可以充当手机两端的人沟通的桥梁，而且这种沟通还可以精准地定位客户。晓霞觉得，传统的美容实体店最大的一个问题就是只能被动地等待客户上门，没办法主动出击去挖掘和培养客户，她意识到公众号可以为自己的事业带来机会。

晓霞开始自学互联网客户运营的知识，还咨询了一些微信号运营团队，最后决定抓住这个利好形势，为自己的美容事业打开一个新的局面。

很快，晓霞就创建了一个公众号，一开始并没有如想象的那样一炮而红。几个月的时间过去了，客户增长还是很慢。这时，一个有经验的运营团队建议晓霞扩展思路，不要仅局限于实体店面的线上推广，而是增加投入，为所有的用户和化妆师搭建一个沟通的平台。晓霞采纳了这个建议，将大量的资金投入到了这个项目上，甚至暂时延缓了实体店面的业务。

晓霞在做出这个决定的时候承担了来自家人和员工的压力，大家都担心这个项目一旦失败，晓霞原本就岌岌可危的生意就会破产，最后落得"竹篮打水——一场空"。但晓霞坚信这就是行业的大势所趋，而她所选择的团队也有着丰富的经验和资源，因此她仍然义无反顾地投身其中。

经过了一年多的不懈努力，晓霞的美容公众号获得了巨大成功，在全国的服务类公众号排行榜中名列前茅。

★★★★★

晓霞因为看到了行业发展的趋势，认清了未来的形势，敢于大胆地投入，所以才取得了如今的成就。而其他的从业者尽管也看到了互联网和微信平台，但他们缺乏开阔的视野和奋不顾身的精神，最终也只能守着自家的一亩三分地，继续承受着行业的冲击，最后难以摆脱衰败的命运。

或许我们难以掌控一个行业的总体发展趋势，但我们可以依据自己对这个行业的了解和认识，对未来进行一些预测和判断。晓霞就是在专业团队的帮助下，对美容行业在微信平台领域的未来发展趋势做出了准确的预测，最后获得了成功。古人云，"登泰山而小天下"，想要做大事，就必须把握大势，想要做好本行业的工作，就必须对全局有正确的认识。因为大的形势对每个行业的发展都至关重要，我们只有更深刻地了解大势，才有利于把握自己行业的具体走向，进而步步为营，稳扎稳打。

看准了大势之后，就要义无反顾地投入。上苍给了我们腿脚，就是让我们不停地前行，切勿瞻前顾后，犹豫不决。很多时候破釜沉舟往往会收到奇效，义无反顾的勇气会为我们带来意想不到的惊喜。

全身心地投入工作是一种付出和奉献，甚至可以说是一种牺牲，可是如果连这一点牺牲都不敢做，机遇与成功又从何谈起？一旦我们认准了一个行业的形势，那就不仅仅需要投入全部的精力、心思和智慧，还包括我们的资金、生活和时间。或许这个过程会十分艰苦难熬，然而那些积极投入的人会更容易从中看到机会，在辛苦中找到希望和快乐。而那些消极等待的人看到的永远是困难和障碍，他们在还没开始的时候就害怕承受失败，始终没有勇气踏出一步。

坤福之道

> 很多时候，只有全身心地投入到一件事中，才能够得到我们想要的结果。对于未来，如果我们总是举棋不定，那就注定会错过一些机会。

等待"万事俱备"，错过成长发展良机

一个成熟的职场精英绝对不会等到万事俱备的时候再行动，因为他们明白，机会稍纵即逝，如果要等到"万事俱备"才开始动手，那就来不及了，因为许多同类型的产品就会抢先一步占领市场。事实上，在事情开始实施以前，根本无法做到真正的万事俱备，因为事情总在变化和发展中，我们随时都要用新的方法来处理新问题，所谓"万事俱备"只是一种美好的愿望。

对于创业者而言，没有哪个项目是十全十美的，只有勇于直面自己的优势和不足，专注于发挥自己的强项，才能让公司有良性的发展。

★★★★★

唐红兵已经在智能工程行业摸爬滚打了十多年，在该领域积累了丰富的经验和大量的人脉。在工作中，他不断地冒出新想法，但公司却没法让这些想法付诸实施。唐红兵认为机不可失，时不再来，自己的这些设想再不实现就会失去先机，于是毅然辞职创业，开了一家公司。

唐红兵十分看好智能穿戴设备的市场，他希望能够继续自己的老本行，公司的最大优势也就是他的技术实力，新公司的各项业务也顺着这个思路开展。唐红兵本身是一个追求完美的人，他知道产品最终能否成功，很大程度上取决于客户的体验。因此，他在开始产品设计之前，做了大量的市场调研，并高薪聘请了几位业内的专家，希望在各个环节都做到万无一失。

就在唐红兵快马加鞭筹备的同时，市场也没有停下脚步，他理想中的产品还处于设计阶段时，市场上已经出现了其他的同类产品。

就这样，唐红兵的第一个产品计划在追求完美中失败了，但是他没有放弃，随即开始运作新的项目。这一次，他吸取了之前失败的教训，不再一味追求万事俱备。在新项目的工作中，唐红兵努力把每个环节做到最优，在面对工作中各种突发状况时，他更加应付自如。唐红兵深刻地认识到，当今行业发展变化的速度远远超过以往任何一个时代。在这样的飞速发展中，假如不能勇于尝试，那么公司将很快失去生存机会。终于，他成功推出了行业中的新品，填补了市场的空白，抢占了先机，为自己的新公司带来了发展机遇。

实际上，如果非要等所有的条件都成熟后才付诸行动，那你就只能永远等下去。虽然说上帝总是把机会留给有准备的人，但如果凡事都要等做足充分的准备再开始的话，那么当你做完这些准备以后很可能会发现，竞争对手早已经捷足先登了。

我们应该都曾有过这样的经历：自己脑子里经常有许多好的想法和计划，但却由于自己的犹豫、谨慎和举棋不定，导致它们永远停留在梦想阶段。等我准备好了再旅行，等我准备好了再表白，等我准备好了再打电话给客户，等我准备好了再创业……在这些等待的过程中，我们就陷入了"万事俱备"的泥潭。结果顾虑重重，不知所措，无法定夺何时开始，时间就这样一分一秒地浪费了。我们深陷在失望的情绪里，最终面对仍悬而未决的工作时，只能留下深深的懊悔和遗憾。

行动和充分的准备是一枚硬币的两面，不管什么事都应该适可而止。准备过多会让我们迟迟无法开始行动，最终只会白白浪费时间，陷入不断计划、演练的怪圈里。等待"万事俱备"会令我们无法迅速、准确、及时地解决问题，从而错过成长发展的良机。

为了避免"万事俱备"以后才行动所带来的损失和遗憾，我们首先要对可能遇到的各种困难做出预判，做好充分的心理准备。每一次的冒险势必伴随着许多风险、困难和变化。俗话说"计划赶不上变化"，无论你考虑得多么周详，也不可能准确地预测到最后的解决方案，前进过程中仍然可能发生一些意想不到的状况。因此，别想太多，干就完了。

其次，我们还要勇敢面对困难。因为任何人都不可能在行动前就把所有的问题解决掉，聪明的人会在行动的过程中不断调整解决方案，当遇到麻烦时，他们会自觉地积极想办法应对。行动本身会增强信心，而不行动只会带来恐惧。

最后，还要对自己说：现在就行动。如果你希望自己在别人的印象中以一种"积极的"的形象出现，就要鞭策自己摆脱"万事俱备"的执念，立刻行动。在刚开始的时候，可能要做到"马上行动"并不那么容易，可是当"立刻行动"的工作习惯一旦养成，你就掌握了成功的秘诀。千万不要等到万事俱备以后才动手去做，因为世上没有十全十美的事，也永远不会有万事俱备的时候。当你有了想法以后，假如迟迟没有"立即行动"，那么也许你就失去了一次千载难逢的机会。

坤福之道

> 世上没有十全十美的事，"万事俱备"只存在于小说里。比起一时冲动，用周密的思考来拖延自己的行动计划甚至更糟糕。事情被延迟，带来的后果往往是更加辛苦，同时也失去了成功的机会。

行动不一定成功，但不行动一定失败

有位哲人曾经说过："人生来就是为了行动，就像火光总是向上升腾。"渴望成功的人有不少，然而往往在他们开始迈出第一步的时候，就前怕狼后怕虎，由于害怕失败而迟迟不敢付诸行动。没有付出努力，自然碌碌无为。而那些有想法并勇于将它付诸行动的人往往会取得一番成就。人生不仅需要理想和智慧，还需要勇敢的行动。同样，人生中的各种难题，也只有通过勇敢的行动才能得到解决。

有句广告词说得好："心动不如行动!"遗憾的是在现实生活中，许多人都有一个同样的问题：心动的时候多，行动的时候少。他们总是把希望寄托在今天，却把行动留到明天的明天，有梦想，却不行动，有决心，却迈不出第一步。尽管万事开头难，可是当你真正去做的话就会发现，有时候开头也并没有想象中的那样难。

获得成功的最佳途径就是行动。自己的路必须自己走，你当前拥有的一切都是从实际行动中得来的。在职场上，行动显得格外重要。

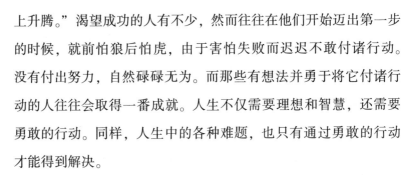

吴涛大学毕业后就职于某文化公司，他刚进公司不久就接到了策划举行一场大型慈善晚会的任务。由于刚入职没几天，经验不足，也没有什么人脉，这个任务对他来说几乎不可能。他几次想鼓起勇气向领导辞掉这项任务，但又转念一想，自己什么都没有做就退缩，有点儿说不过去，试一试说不定很多事情会有转机，大不了到了实在干不下去的时候再向领导提出。于是，吴涛开始着手筹备晚会的工作。

由于是慈善晚会，因此吴涛手上可以支配的预算十分有限，而晚会的规格要求之高让吴涛几乎快要崩溃了，但他仍然硬着头皮开始动手准备。在北方的寒冬中，吴涛用了一周时间，几乎走遍了这个城市的所有星级酒店，但吴涛提出的价格都被酒店经理委婉地拒绝了。就在自己几乎要放弃的时候，吴涛仍然鼓励自己，坚持走到第二十家酒店。出乎意料的是，这家酒店的老板对这个活动非常感兴趣，他愿意为吴涛免费提供场地。吴涛的行动获得了初步的成功，对于接下来的工作也越来越有信心。

接下来，吴涛找到了一位播音主持专业的学生，得到了他愿意免费为晚会担任主持人的承诺。紧接着，他又联系了一系列的志愿服务机构，找到了一批愿意提供帮助的单位，随后又找到了几家愿意为活动免费提供舞台和布景的公司。吴涛甚至还联系到一家广告公司，该公司愿意免费为活动制作电子请柬，为他统计到场人数。这其中的每一项工作，看起来都是不可能完成的，然而行动为他一步步扫清了障碍。

最艰难的一关是邀请社会名流出席。由于没有报酬，所以晚会的影响范围并不广，吴涛担心没有名流愿意出席这样一场晚会。然而他还是顶住压力，千方百计寻找愿意参与的名人。吴涛通过微博给那些素昧平生的几百个名人发送出了邀请函。功夫不负苦心人，他最终收到了几十份反馈信息，其中不少人表示愿意出席。还有一些人表示虽然无法出席，但也会继续关注这件事，并给予力所能及的帮助，这简直让吴涛喜出望外。

经过吴涛一点一滴的努力，慈善晚会最后如期举行，而且办得十分成功，原本影响力不大的晚会，由于一些社会名流的出席，获得了意想不到的效果。在这个过程中，吴涛深刻体会到了行动的意义和价值。领导也表示，这个活动是对吴涛的一次很好的考验，测试他能否承受高压，大胆行动，而不是被困难吓得手忙脚乱。吴涛交出了一份令人满意的答卷，在日后的工作中，他也更加受到领导的重用。

从吴涛的事例中我们可以看到，成功者与平庸者的不同点就是，成功者敢于将自己的想法付诸行动，而平庸者就算有想法，也会因为害怕失败而不敢行动。整天做着白日梦，却从不付诸行动，那么自然不会有什么结果。假如你也能把自己的想法付诸行动，勇敢去做，你就会发现有许多困难其实并不存在。

很多人会被表面的困难吓倒，担心失败而不敢付诸行动。要知道，光有想法没有行动是永远不可能取得成功的，成功往往青睐那些有想法又敢于付诸行动和勤于行动的人。只有行动才能让梦想变成现实，只有在行动里我们才有可能把握机会，改变命运。

坤福之道

> 　　人生不但需要理想、眼光，还需要行动。假如没有行动，你所拥有的理想再伟大，眼光再超前，也会一事无成。行动起来或许不会成功，但是不行动就永远是失败者。

对得失斤斤计较，只能在低层次徘徊

　　在工作中，我们经常会遇到一种人，他们对工资福利非常敏感，对眼前的得失斤斤计较，整天抱怨公司的政策不合理，老板太小气，等等。抱着这种心态，他们对待工作自然是敷衍了事，不可能有什么效率和质量。虽然这些人一辈子都在斤斤计较，却始终处在低薪阶层。

　　在同样的工作环境和工资待遇条件下，还有另外一种人对这些并不太在乎，依然干劲十足地工作，甚至专门挑那些别人不想干的事去做。或许别人不理解他们为什么这么做："你才拿那么点工资，用得着那么拼命吗？"他们是这么回答的："那有什么关系，我不去做怎么知道自己有多大的工作能力？如果不去做一些困难的事，今后怎么能见大世面？"最后，这些不计较结果的人往往会收获一份令人羡慕的薪酬和待遇。这是为什么呢？

　　其实道理很简单，没有付出，不去尝试，怎么知道结果？付出了就马上要一个结果，领导一定不会欣赏这样的人，公司也不会欢迎这样的人。因为这样的人太过于斤斤计较，缺乏长远的发展规划，没有清晰的职业规划，总是盯着那一丁点蝇头小利，不懂得往更高的层次去奋斗。对于职场新人而言，最需要考虑的就是利用眼前的平台多做事，提高自己的能力，积累自己的经验。只有具备了相应的能力，才有资格谈结果如何。

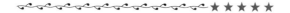

　　陈志彬刚入职的第一周就一肚子抱怨。因为公司的同事相继离职，原本两个人的工作量，现在全部压到他一个人身上。同事的离职比较匆忙，没有做好交接工作，搞得陈志彬每天都疲于奔命。作为一位新人，原本还需要时间去学习成长，但他现在手头上却堆积了一大堆的杂事，根本没有时间去熟悉本部门的业务。原本公司给陈志彬的工资就不是很高，他现在又承担了两个人的工作量，但领导却没对他有任何表示，似乎这一切都是他分内的事，陈志彬感到非常郁闷和委屈。经过一番思想斗争，陈志彬决定向领导提出加薪的要求。没想到领导并没有同意，理由是陈志彬刚刚入职，对公司还没有做出特别的贡献，因此暂时不能给他涨工资。现在由于人手不足，让陈志彬一人承担两份工作，这个问题暂时没有办法解决，希望陈志彬耐心等待，未来会有解决的办法。这样一来，反而使得陈志彬陷入了尴尬境地，他才刚入职没多久，就给领导留下了爱计较的印象，以后应该怎么办呢？

同事吴德兴的情况也差不多。吴德兴进入这家公司已经四年了，工作状态一直都很好，效率也很高。吴德兴原本只负责一款产品，结果突然有一位同事离职，一位同事转岗，结果他一下子要同时负责三款产品。他每天都早出晚归，工作压力相当大，加班成了家常便饭。有同事都跟他说："你也是公司的老员工了，干吗不跟老板提涨工资的事呢，不然你这么累是图什么呢？"吴德兴却回答说："等我先努力把这些事情理顺之后，再提涨工资的事。"

经过三个月没日没夜的奋斗，工作终于被吴德兴理顺了，他也十分自然地得到了升职，而且老板还给他配了一位助手。但是尽管如此，很多事吴德兴仍然亲力亲为，从来不把压力转移给下属。到了公司年终评选最佳员工的时候，吴德兴榜上有名，因为他不仅把工作安排得井井有条，平时也很善于和同事打交道，于公于私都处理得恰到好处，这样的人怎么会不受欢迎呢？最终，吴德兴如愿以偿地得到了与他的努力相匹配的薪水和职位，同时也收获了同事的尊敬和老板的信任。

吴德兴和陈志彬两人的情况何其相似，但因为两个人处理问题的方法不同，最后得到的结果也大相径庭。作为职场新人，我们要时刻提醒自己，切勿锱铢必较，因为你的工作成果还没有定论，只能先做做看。否则可能你以为自己付出了很多，但别人并不见得会认可你。即使结果与你的付出看起来并不匹配，也不要太失落。对职场新人来说，机会和经历是最珍贵的。

当你努力做事的时候，别人不一定能看到；但假如你不努力，一定会有人看到。因此，我们只能更加努力地工作。

不管什么时候，我们都要把自己的职业成长和能力提升当成头等大事，只要在这些方面能有所收获，至于结果则不妨看淡一些，忍耐一些。假如在一个良好的发展成长环境下，我们还要锱铢必较，那等同于是在与自己的未来锱铢必较，注定无法达到更高的职业境界。

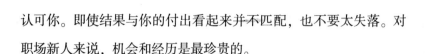

坤福之道

> 锱铢必较的人最终必定一无所获或者所获甚少，而胸怀宽广、豁达大度的人则更容易获得丰厚的回报，同时也能获得令人羡慕的荣誉。其根本原因就在于前者只盯住眼前的小利却不愿多努力多付出，而后者却能够踏踏实实地多做工作，让自己得到历练，最终换来富足而又有尊严的职业人生。

这山看着那山高，将永远无法登顶

提起"未来"，人们总是会满怀憧憬。初入职场的人，最容易对未来抱有不切实际的幻想，例如，希望自己的第一份工作可以薪水高，体面，不要太忙，没什么压力，有足够的成长和发展空间，等等。殊不知，社会上这种理想的岗位寥寥无几，而且都是为能力突出的人准备的，你不妨扪心自问：我是否拥有超过绝大多数人的能力和智慧呢？如果没有，那么说明你只是一个普通人，你应该做的就是认清现实，对自己有一个准确的定位，从而理性地去选择未来的职业道路。

在许多求职者的心中，会有一些自己的择业标准，例如外企待遇好，国企有编制，公务员比较稳定，等等。可是，当他们得到一些合适的机会时，他们的心里又会蠢蠢欲动，想着下一个机会应该会更好。尤其是当他们面前摆着多个机会可供选择的时候，他们往往会这山看着那山高，等到机会溜走的时候，才发现自己不过是沉浸在不切实际的空想中罢了。

★★★★★

　　小萱从大学毕业后回到家乡，被介绍到一家公司里担任文员。该公司的业务发展还算稳定，但小萱只是一位普通的文员，这个岗位不涉及公司的核心业务，因此她的薪资很低，也看不到什么发展前景。

　　在上学的时候，小萱就一直是个学习刻苦、成绩优异的好学生，工作以后也很想证明自己，但苦于一直没有什么机会。于是，小萱在该公司上了几个月的班以后，自己找到了一份广告公司文案的工作，跳槽到了新公司。这家广告公司刚成立没多久，为第一批员工开出了比较高的工资，也为大家规划了后续的发展方向，小萱就是第一批员工中的核心成员之一。

在新公司，小萱抱着相当大的工作热情，经常主动在公司加班加点，从中学到了不少新知识，甚至很多极其繁杂的工作，她也都顺利完成了。但是，因为公司规模不大，客户资源少，在这座城市缺少根基，加上内部的资金运转不畅，一年之后这家公司倒闭了。小萱本来希望到一个新平台大展拳脚，发挥自己的特长，能够有所作为，没想到却事与愿违。

★★★★★

每一个职场新人在刚入职时，几乎都会经历一个理想和现实相碰撞的阶段。对此，不同的人会采取不同的应对方法，有人默默坚持，有人选择跳槽，有人则在何去何从的迷茫中举棋不定。当然，也有人可以很好地处理理想与现实之间的矛盾，为自己的职业人生奠定良好的开端。小萱选择了盲目跳槽，因为她处在理想与现实的交界处，心里惶恐不安，还不具备有效预测职业未来的能力。当她对一份新工作的期待值超过了工作本身时，她就失去了稳定的工作。

事实上，有许多方法可以调和理想与现实的矛盾，然而对于那些急于求成的职场新人来说，他们最常见的方法是选择改变现状——跳槽。新人通常都很年轻，在他们面前有许多机会，一旦在一种选择中遭受挫折，就很容易认为只要换一种选择就能解决问题。可是，跳槽不能解决根本问题，因为理想和现实间的矛盾很多时候并非由于环境不够好，而是我们自己的期望出了问题。换句话说，是我们对未来前景不明的职业生涯抱着过高的期望，而这些期望却根本不可能达到。

职场新人对工作有过高的期望值，会引起多重的负面效应。一是不利于个人成长；二是容易造成延迟就业，在家啃老；三是容易造成不断跳槽，为用人单位和求职者本人都带来不稳定感。

职场新人对成功普遍有种强烈的渴望，希望在每件事情上都可以做得比别人好，能够在职场上脱颖而出。他们希望通过自己的努力博得别人的信任与尊重，并取得相应的社会地位，实现自己的人生价值。然而由于职场新人和社会还没有过多的接触，并不熟悉社会现实的大环境，不了解人情世故，不了解事情的流程，很容易对自己职业的道路产生错误的判断。

事实上，我们想要的东西很多时候与现实是不相符的。职场新人往往会有一些与职场规则相违背的期望，例如期望一步到位，希望一毕业就能实现自己的职业理想；或是完美主义，希望工作可以符合自己各方面的期望。可现实情况是，在任何一份工作里都既有自己喜欢的，也有自己不喜欢的。想要工作中没有任何让自己不满的地方，这样的期望是不切实际的。

坤福之道

在职场上，不管是初出茅庐的新人，还是有多年工作经验的老手，都应该理性地对待自己的职业期待。在选择一份工作的时候，虽然期望体现自我的价值无可厚非，但尊重现实、遵守规律、遵循原则也很重要。既不能妄自菲薄，也不要盲目乐观，只有这样，职场之路才会走得顺畅。

快速出击是一种正能量，会散发成功的气息

机会随着时代的变迁而变化，随着不同人的不同境界和格局而变化。好的机会往往稍纵即逝，因此我们只有在第一时间以最快的速度把握机会，才能获得成功。

做事拖拉磨蹭，犹豫不决，时常观望，这是大多数人失败的主要原因。他们总是在看到别人成功了以后才敢行动，但是他们不明白的是，别人快速行动、把握机会获得成功之后，观望的人就再也没有机会了，这就是这个世界的发展规律。

把握机会马上行动，立即行动，这就是成功的关键。能迅速把握机会、果断出击的人，就能得到他所想要的东西。疑虑重重会拖延你做出决定，使你错失本该获得的成就。

拿破仑有一句名言："行动和速度是制胜的关键。"成功人士就是在最短的时间内采取了最有效率的行动，这往往就是把握机遇的最关键因素。当机会来临的时候，如果你不立即采取行动，别人就会捷足先登，留给你的只有悔恨。所有成功人士都明白立即行动的重要性，机会的把握往往就在一瞬间，所以行动一定要快。人家的行动比你快，把握机会比你准确，当然就会比你成功。这个道理再简单不过，只要仔细观察一下身边的例子，就不难得到印证。

━━━━━━━━━━━━━━━ ★★★★★

在一家医药科技公司里，何勇是八位技术总监之一。

这家公司的规模大、效益好，在国内外都有相当大的影响力，是行业中的佼佼者。何勇掌握着核心技术，他花了十几年时间，才升上了技术总监的职位。有一次，公司出现了生产故障，在深夜的时候打电话通知所有的技术总监到公司处理。出乎大家意料的是，资格最老的何勇在第一时间赶到现场，及时处理了故障，避免了出现更大的事故。而其他的几位总监，直到何勇妥善处理好了以后，才姗姗来迟。

还有一次，公司从国外引进了一批新设备，全部是原装进口机器，总裁要求在一周之内，新设备必须要投入运营。所有的技术总监都一筹莫展，有人准备去向总裁请示，希望能够推迟新设备投入使用的时间；还有人说应该找一些专业的团队，先把机器的说明书翻译出来再说，然而既懂技术又会外语的人短时间内很难找到；还有人说，可以去招聘一批大学生工人，因为现有的老工人文化水平偏低，担心他们根本学不会操纵这批新机器。

正在这时，何勇找来了一个专业的翻译团队，开始翻译说明书。很快他又通过网络联系上了外国厂家，请求其提供帮助，并与机器的设计者进行了视频沟通。最后，何勇只花了不到一个星期的时间，在别人还忙着找借口的时候，就带领第一批80名工人学会了使用这批新机器，开始了下一阶段的工作。

在当年的年终大会上，总裁特地点名表扬了何勇，因为何勇不管遇到什么困难，都会在第一时间迅速行动起来，及时为工厂排忧解难，解决问题。后来经董事会研究决定，提升何勇为技术部经理。

我们从何勇的身上可以看到一名优秀的职场人和一个普通职场人的最大区别，那就是是否能够快速付诸行动。优秀的职场人只要一发现问题，就会立刻出手，快速出击，在这种快速行动的过程中，也就抓住了晋升的机会。而平庸的人总是在找借口：今天太困了，明天再做吧；现在太累了，先下班回去睡一觉再说吧；这个问题太难了，缓一缓再解决吧……无数的机会就在这样的拖延中溜走了。

职场上优秀的精英人才们都具备立即行动的精神，凡事都不会拖延，能够在最短的时间内采取最有效和迅速果断的行动。

何勇正是由于能够快速行动，才把握住了升职加薪的机会。所以，快速行动是最终起决定作用的力量，不管你的计划做得多详细，假如不开始行动，就永远无法达到目标。我们在一生中，可能会遇到许多机会，如果我们能够把所有的机会都抓住，将所有计划都抢在第一时间执行，那就没有理由不成功。

许多在职场上打拼的人们整天都在抱怨工作太累、太辛苦，其实要想不抱怨，最简单的一个方法是让自己快速行动起来。不要总给自己找借口、留退路，诸如"我还年轻，以后机会还有的是""时间还很充足""今天我要下班了，有什么事等明天再说吧"，这些话充满了负能量，会让你不知不觉间一步步陷入消极懈怠的状态。

我们应该时刻提醒自己，已经没有退路了，唯一的选择就是马上行动。快速行动不但能让你把握住机会，而且会让你保持较高的热情和昂扬的斗志，也能提高你的办事效率。快速行动本身就是一种积极向上的正能量，会在行动时散发出成功的气息。

坤福之道

行动起来，机会就在我们身边。只要我们能够在合适的时间以合适的方式选择恰如其分的机会，就一定能获得满意的结果。

第五章　告别三分钟热度，
专注才能解锁人生

　　做事情必须专心致志，只有把自己的注意力集中在已经确定的目标上，并且贯穿到为实现目标采取的行动上，才能保证成功。"天才"之所以成为"天才"，不在于天赋异禀，而是经历了长时间坚持不懈的训练，这个训练源于专注。正如古罗马政治家西塞罗所说："任凭怎样脆弱的人，只要使之把全部的精力倾注在唯一的目的上，其必能有所成就。"

很多人频繁跳槽，最后却发现还站在原点

很多年轻人就业后，总觉得别人从事的工作更有吸引力，再加上现在灵活的就业制度和择业观念，跳槽似乎是一件再容易不过的事。

过于频繁地尝试新工作，并不意味着我们有更多成功的机会。频繁换工作很难让我们积累足够的职业含金量。如果一个人频繁跳槽的话，他一定不可能在一个职位上做很长一段时间，因此也不可能积累多少经验，而职业含金量恰恰就是在大量的经验中产生的。所以，很多人兜兜转转，最后却发现自己还站在原点。

★★★★★

侯欢四年前毕业于一所名牌大学。她还没毕业就进入了一家知名企业实习，毕业后就留在那里工作。但是真正开始工作后，侯欢对行政工作琐碎的事务产生了厌倦。"难道我读了这么多年书，就是为了给他们复印材料、跑腿取快递吗？"她不止一次这样对同学抱怨。尽管领导一再挽留，侯欢还是在半年后提出了辞职。

很快，她应聘到南方一家企业做编辑工作。因为工作能力出众，她很得领导赏识。随着能力的增强，侯欢对能力一般的部门主任越来越看不顺眼。一年后，因为一些小摩擦，侯欢一气之下又辞职了。

这时候，正赶上家乡的学校招聘教师，父母让她回去试试。虽然应聘成功，但侯欢还是有点闷闷不乐。毕竟在大城市学习、工作了很多年，她已经不习惯老家的生活了。她一边应付着教学工作，一边投着简历，想再次回到北上广之类的一线城市。

后来，她如愿考上广州的一家事业单位，但是工资低、同事之间明争暗斗、经常需要出差等问题又深深困扰着她。侯欢又开始四处投简历，看看还能不能找一份让自己满意的工作。

侯欢的情况，可以说在现在年轻人当中很典型。自身条件、能力都不错，所以总希望有更好的工作和待遇，在这个不断尝试的过程中，总怕自己错过机会，最后却变成了浪费时间，一事无成。

侯欢总觉得工作无法体现自身价值，这也是困扰很多年轻人的问题。我们不妨换个角度来想，在一个企业如果没有三五年的积淀和付出，你认为老板会信任你吗？你认为同事会认可你吗？这是不可能的。所谓的积淀，就是对企业方方面面的了解和掌握；所谓的付出，就是自己对企业的贡献。

即使一个职场老手，进入一个企业，如果不按"一年打基础、两年出业绩、三年上台阶"的路径，一步一步做扎实，也难以巩固自己的地位。况且一些比较规范的企业，越来越少地从外部聘用空降兵，一些关键岗位不会轻易交给不熟悉的人。不太规范的企业，大多经营状况比较糟糕，工作或业务开展难度很大，作为一个外来新手，想在较短时间内开创新局面，是相当难的。没有业绩支撑，能力如何显现？能力不能显现，谁又会把你当回事呢？所以想通过频繁跳槽来得到称心如意工作，几乎是不可能的。

广泛尝试变成了频繁跳槽，很多年轻人的职场头几年，就这么问题重重地度过了。对于很多职场新人，跳槽的最大原因就是薪资待遇问题，但是要知道，频繁换工作并不能解决这个问题。职场上有个说法，叫作"跳槽穷半年，改行穷三年"。就目前这样的职场环境，很多人都不是今天从这个企业离职，明天就能在另一个企业上班，总有一个重新择业的过渡期，而这个过渡期内是没有任何收入的。到了一个新企业，一般都有试用期、考察期，少则一个月，多则半年一年，这个过程中的待遇也是比较低的。这些都是跳槽的直接成本。

也有的职场人想通过跳槽来提高自己的薪资待遇要求。不否认个别职场高手能够做到，但对大多数职场人来讲，是不现实的。因为企业的薪资水平和企业规模、所处行业、所处地区有关，和个人职业经历、职业能力有关，同一地区、同等规模的企业的薪资水平没有太大的差别。如果跨地区跳槽，可能薪资水平会高一点，但你必须考虑跨地区后的巨大间接成本，这间接成本就是不能照顾父母和家人。

坤福之道

> 有这样一些人，把跳槽当成了家常便饭，并且总有各种理由，什么企业环境不好呀，人际关系紧张呀，薪资待遇不满意呀，没有成长空间呀，反正只要有一点不顺心、不如意，就想用跳槽来解决。殊不知，频繁跳槽并不意味着获得更多机会，而只是获得了改变现状的机会。即便真的有必要跳槽我们也应该在新单位踏踏实实地做好工作，这样才能够得到我们想要的薪酬，实现我们的个人价值。

深入钻研工作，解决浅尝辄止的坏毛病

职场中有这样一类人，他们希望快速尝试不同的工作，以便快速积累各行业的工作经验，觉得这样可以让以后找工作更容易。但是这只是单方面的想法，大多数用人单位并不认同这个做法。事实上，工作经验并非以时间和数量判定，而这种浅尝辄止式的工作经历只会让企业没有安全感。

★★★★★

高慧毕业于一所专科学校的会计专业。虽然学历不高，但是由于专业比较有优势，所以毕业后很顺利地找到了工作。她的第一份工作，是在一家小公司当会计。每天的工作比较轻松，只是月末的时候会忙一点，但是

薪水也很有限，刚刚能够满足日常花销，于是高慧便萌生了换工作的想法。她想着，我还这么年轻，不能被这么一个小公司缚住手脚，如果一辈子只有这么点薪水，日后生活都会出现问题。

不久后，高慧转行到另一家中型企业，做起了销售。销售的工作虽然辛苦，但是收入有了显著提高。高慧一开始的时候冲劲十足，但是三个月后就放慢了脚步。销售的业绩并不完全由个人的努力决定，受公司政策的影响也很大。高慧觉得公司的政策束缚了自己的发展，于是又跳槽进入了另一家公司。

在第三个公司中，高慧做的是行政工作，但是行政工作琐碎复杂，没有成就感，她很快又陷入了迷茫之中。春节期间，高慧和老同学聚会，发现有些人在做公关工作，不但收入颇丰，而且外表光鲜亮丽，高慧觉得这才是她理想中的好工作。于是，高慧再次辞职，准备找一份公关工作。

高慧的就业经历很丰富，但是对什么工作都是浅尝辄止，并没有深入地做下去，甚至连自己最初的专业都丢了。在这个过程中，她总能为自己的轻率找到借口：小公司的会计收入低，一辈子都没有出头之日；销售的工作很辛苦，而且公司也不给力，不会为我们这些底层人着想，赶紧趁早换了；文员的工作

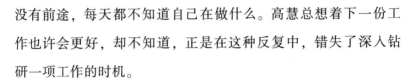

没有前途，每天都不知道自己在做什么。高慧总想着下一份工作也许会更好，却不知道，正是在这种反复中，错失了深入钻研一项工作的时机。

浅尝辄止的人其实忽略了一个问题，那就是专业能力才是一个职场人立足社会的根本。专业能力体现在两个方面：一个是自己所学的专业是什么，一个是从事该专业时间的长短。作为职场人来讲，选择一个专业对口的企业十分重要，如果脱开了自己的所学专业，即使自己是高学历，也未必赶得上一个专科生有竞争力。跳槽到另一家企业，尽管从事的工作仍是自己的专业，但因企业情况不同，过去的积累不能与新岗位匹配，对自己的影响也是相当大的。如果新企业的岗位与自己的专业不对口，就需要一切从头再来，等于从零开始，对自己的影响就更大了。

另一方面，浅尝辄止也会让我们的职业心态发生变化。职业心态是什么？就是自己对职场的基本认识，对职场人际关系的基本态度，对职业发展的基本定位。经常跳槽的人，职业定位往往存在问题，他们不清楚自己到底想干什么，也不清楚自己未来应该往哪个方向发展。经常跳槽的人，辞职过程中的无奈，重新选择时的无助，以及应聘新企业来回的奔波，都会极大地影响他们的情绪，使之在内心深处产生极大的焦虑，并慢慢对职场产生恐惧。尤其是跨地区跳槽，从一个熟悉的环境，到一个完全陌生的环境，单枪匹马，举目无亲，虽有雄心壮志，但对未来的不确定性仍然会给自己带来巨大的心理压力。

此外，浅尝辄止还会对职场人自身的人际关系造成影响。职场人不仅仅要面对单纯的工作，还要面对复杂的社会。通过工作可以建立自己的关系网，将之逐步发展成为自己的资源。这个资源不仅有利于工作开展，也有利于丰富自己的生活。

人与人之间，从陌生到熟悉，从熟悉到了解，从了解到信任，都是需要时间的。对经常跳槽的人来讲，没有了这个过程，离开一个企业后，因为接触时间比较短，与过去的同事也就慢慢断了联系。到一个新的企业，又要面对一个新的圈子，同样需要经过与新同事彼此认识的过程。如此下去，给自己留下的只是一个个企业的短暂经历，而不会建立起与同事的牢固关系。尤其是跨地区跳槽，不仅与过去的同事难以联系，就连自己的朋友也会变得越来越生疏。最终圈子越来越小，人际关系越来越窄，对自己的工作和生活都会带来影响。

坤福之道

> 解决浅尝辄止的坏毛病，首先要清醒地认识自我，明确自己的方向和定位。别人做得好的不一定适合你，找到适合自己的位置和方向才是最重要的。做好定位、认准方向之后要坚持，哪怕要忍耐一时的辛苦和寂寞。成大事者总要经过很长时间的磨炼，因此不要奢望一开始就有很顺利的境况等着你。现在职场竞争如此激烈，很多时候拼的是毅力。谁坚持到最后，谁就会笑到最后。

拥有"一技之长"，就能让别人无法取代你

很多企业是靠集中所有的时间、精力、资金和技术做好一种拳头产品而在竞争中立于不败之地的。

瑞士罗技电子是世界知名的电脑周边设备供应商，拥有很高的市场占有率。罗技当初就是依靠生产鼠标和键盘进入电脑周边设备行业的。鼠标和键盘是电脑最基本、最不可缺少的外设配件，但同时也是价钱较低获利较少的配件。因此，对于电脑行业的巨头们根本无法产生吸引力，这便给了罗技一个机会。罗技坚定地走上了鼠标和键盘生产的专业化道路，经过了数年的努力，罗技不仅在该行业中站稳了脚跟，而且已然成为全球最大的鼠标和键盘生产供应商。

有人也许会说，生产鼠标和键盘只是一件小事，在整个互联网产业中只占有末流地位。但是，正是因为罗技专注于这件小事，所以才能够获得最后的成功。

企业的发展是这样，人的发展同样如此。如果你几十年做同样的一件事，就能把它做好做精，你在这个领域就有了发言权，就有了别人无法取代和超越的地方，你也就能在这个领域牢牢地

站稳脚跟。现在很多职场新人，今天考律师，明天学会计，后天读 MBA……做事没有定性，经常换工作，很难沉下心来获得专业上的造诣。

我们毕业后可以有几年的选择期，可以尝试着做几份不同的工作，看看哪个最适合自己，但是最后一定要选择其一，沉下心来持之以恒地做下去。必须有自己的"一技之长"，有别人无法取代你的资本，这样才能得到一个令自己满意的将来。

★★★★

祝顺是某设计公司的总裁，他曾经为很多著名的大企业设计过企业标志。他在回忆自己的职业经历时，总是很感慨，他说开始的时候靠着一腔热情和执着的确取得了一些成功，但接下来面对市场的种种诱惑，还必须做出新的抉择。

祝顺的公司属于广告公司，面对各种各样的广告业务，他决定只做标志设计，而这实际上只是广告业务中很小的一部分。刚开始的时候，许多人对此都不太理解，觉得祝顺丢掉了太多放在眼前的生意。但祝顺认为，要想在广告圈激烈的竞争中脱颖而出，就必须建立自己的发展模式，放弃大而全的经营理念，专注于品牌设计，这样才能够区别于甚至超过竞争对手。

祝顺说："术业有专攻，我应该把我擅长的事做精、做细。其实其他公司也做得很好，但我们因为只做了这一项，就更专业化了，使得分工更细致了，客户也就自然会想到我们了。"

★★★★★

要想成为一个行业的领头羊，就必须有沉浸其中十年以上的决心，人的一生其实做好一件事就已经很不简单了。在一生中，我们会面临诸多的选择，特别是在涉世之初或创业之始，选择尤为重要。一旦看准了方向，选定了目标，就要坚定不移地走下去。哪怕这条路崎岖不平，障碍重重，同行者寥寥无几，你都要"板凳坐得十年冷"，忍受孤独和寂寞，朝着一个主攻方向努力。尤其在诱人的岔路口，你必须经得住诱惑，不改初衷，有心无旁骛的坚定信仰和超然气度。

只做好一件事，意味着集中精力，而不是多元化发展。一些人涉足很多领域，学习很多知识，其实内部很虚弱，每一项都没有很强的竞争力。专注于某一件事情，哪怕它很小，努力做得更好，总会有不寻常的收获。

一个人可以没有学历，没有工作经验，但只要有一项特长，一处与众不同的地方，就可能会得到社会的认可，拥有其他人不能获得的东西。可是在我们身边，许多人往往走入误区，譬如一些大学生在校读书期间，忙着考这证考那证，证书弄了一大摞，忙着做主持、当模特，业余职业换了一个又一个，毕业之后却很难找到一份合适的工作。原因就是他们分散了时间和精力，没有专注于某一件事情，结果事与愿违。

任何行业都是博大精深的，够你花一辈子的精力去钻研，去奋斗。任何一个大师级的人物，都只是自己那一个领域内的大师。比尔·盖茨最聪明的地方不是他做了什么，而是他没做什么。凭借他的实力，他如果去股市淘金，简直是易如反掌。凭借他的实力，他也可以去做房地产。但他专注在自己最擅长、最感兴趣的操作系统、软件开发上，而不是被市场上其他的诱惑所吸引。他如果真那样做了，也就不是比尔·盖茨了。

坤福之道

> 只做一件事意味着专注于一个目标，不轻易被其他诱惑所动摇。经常改换目标，见异思迁或是四面出击，往往不会有好结果。目标定了很多，什么都想做，什么都没有做到最好，实质是没有打造自己的核心竞争力。

只有努力到偏执，才能把事情做得更完美

成功人士往往有一个共同的特点，那就是因对目标执着而体现出强烈的偏执。这种偏执会帮助他们征服千难万苦，直至目标达成。很多人会对"偏执狂"这个词有些负面印象，但事实上，拥有对某项工作强烈的偏执，对于完成一项极其艰难的任务是一种必需的品质。如果没有这种偏执，一个人很快就会被激烈的市场竞争所淘汰。

只有对工作付出接近偏执的努力，你才可能受到成功的召唤。这种偏执带来的行动力，就像奔腾而出的激流、飞流而下的瀑布，能为你创造一个孕育动力的巨大落差。对工作的偏执会时刻提醒你去奋斗，引导你去追求；时刻激励你充满激情地工作和生活，为你点燃希望的心灯，哪怕前面是万丈深渊，你也会奋然前行。

★★★★★

高田是某房地产巨头的项目经理，在这个行业内从基层开始打拼，一直干到项目经理，迄今已经有近15个年头了。正是他近乎偏执的工作热情，让他的职位一路稳步上升，但是其中的艰辛却只有他自己知道。

有次高田刚刚完成一个项目，回到家休息的第三天，就接到了一个临危受命的电话。原来公司在某省会城市开发的大型楼盘出现问题，已经有一个项目经理引咎辞职。强压之下，公司只能派高田前往坐镇。

高田虽然刚刚从高强度的工作中解脱出来，还是以让人难以置信的热情投入了新的工作当中。他到了楼盘之后，仔细研究厚厚一摞标书，发现按照计划这个楼盘竟然有一个多亿的亏损！在成本巨额亏损的情况下，高田努力从字里行间寻找突破口。经过仔细研究，深入挖掘，他以现场实际情况为由，提出了多项优化设计方案。

在这段时间里，高田日夜坚守在岗位上，经常一个人通宵达旦地工作，累了就在办公桌上趴一会儿，饿了就吃碗泡面。除了吃饭睡觉，高田日夜忙于成本核算。搬入项目新建营区后，他索性扎在办公室。为了搞清一个小数据，他晚上就住在办公室。以这种状态连续工作了两个多月，高田终于通过一系列措施，将项目扭亏为盈。正是这种废寝忘食的工作狂的状态，让高田不久之后成为公司的副总经理。

　　其实，以高田的年纪和资历，大可不用那么拼命也能够有一份不错的收入。但是对工作天生的执着和后天强烈的责任感，还是让他成为工作中的"偏执狂"，也正是这份偏执，让他的位置和薪酬不断上涨。工作中的偏执可以指引我们向着光明前行，让我们拥有不屈不挠的意志，无论多大的艰难险阻，都不能阻止我们前进的脚步。

　　诺贝尔经过500多次试验才制造出炸药，如果没有一颗偏执的心，他是绝不会成功的。著名化学家拉瓦锡当年几乎就推翻了错误的"燃素学说"，却由于舆论的指责而放弃坚持，多么可惜！偏执首先要坚持，要对自己充满信心。那些半途而废、做事"三天打鱼，两天晒网"的人，只能与成功失之交臂。只有坚持到偏执的状态，才能让你取得意想不到的成功。

　　荀子曾说："骐骥一跃，不能十步；驽马十驾，功在不舍。"骏马虽然比较强壮，腿力比较强健，然而它只跳一下，最多也不能超过十步；相反，一匹劣马虽然不如骏马强壮，若能坚持不懈地拉车走十天，照样也能走得很远。执着是发于内心的一种热切的渴盼，而偏执比执着更加执着，是不达目的不罢休的执着。偏执是始终如一的追求，偏执是成功过程中所迸发出的百折不挠的精神。

有句话说，只有偏执狂才能生存，其实偏执是每个职场精英身上都有的精神，一种像"打不死的小强"那样顽强的精神。偏执也是一种素质，一种苦行僧式的素质，一种认定了就不回头的素质，一种坚持不受他人支配的素质，一种固执到甚至偏激的素质。有了这样的素质我们才能顽强地在成功路上行走，奋斗着，追寻着，不迷惘，不畏惧。有了这样的素质我们才能把工作推向极致，才能到达什么都阻挡不了的境界。

坤福之道

> 近乎偏执地执着，才能勇于探索；近乎偏执地执着，才能排除万难；近乎偏执地执着，才能风雨兼程，坚持到底。当我们在职场的道路上艰难前行的时候，只要不懈地努力，就能获得成功。

持续保持热情，是不可或缺的职场素养

常常听到有人说，对现在的工作不再那么热情了，因为它无法激起自己心中的激情。接下去的发展基本是两个趋势，要么选

择离开，另寻高就，希望在新的岗位上激发出新的工作热情；要么原地不动，做一天和尚撞一天钟，渐渐变成能不做就不做，能少做就少做，勉强打起精神度日。

热情这东西更像是我们想做好任何事的助力组件，或者说必备条件，没有它是不行的。人少了热情，就像鸟少了翅膀、车少了轮子一样，你所有的愿望和目标只能是空想、梦想，乃至臆测、妄想，再有价值的想法，也会慢慢变得没有价值，失去实际意义。

热情这种东西不是天生的，不是与生俱来的，它更多是在后天培养出来的。也因了它需要后天去培养，所以每个人拥有热情的方式不一样，每个人产生热情的原因、动力也不一样，这就使得我们在培养热情方面有了很多的难度。但无论如何，既然缺少了热情基本会一事无成，那么发掘、拥有并培养它，自然就变成了我们不得不做、不可不做的事情。培养热情不能用钱或者其他方法去解决，唯有自己投入、自我促进、自我累积才行。

★★★★★

徐帅毕业于国内某著名美术院校，凭借在某次设计大赛中崭露头角，成为国际某著名设计公司的实习设计师。进入公司后，徐帅有了更多实地学习的机会，这让他的工作热情大大提高，甚至连女朋友都抱怨，徐帅和她在一起的时间不到工作时间的三分之一。徐帅每次接到任务都非常兴奋，从看场地到选材料，总是亲力亲为。虽然开始徐帅的工作都是大楼边边角角的简单设计，不容易让人注意，可是他还是愿意早起晚睡地投入工作。

　　三年后，徐帅成了小有名气的设计师，开始承接更大的工程。这时的他索性让自己的女朋友做了助手，甚至结婚后蜜月里都在工作。一次，徐帅接手了一家五星级酒店的整体设计，虽然任务繁重而且时间紧迫，但是他没有丝毫的畏难情绪，反而因为即将面对的困难而兴奋不已。在赶工的日子里，徐帅带领团队，每天工作12个小时以上，其他人都叫苦不迭，只有徐帅冲劲十足。后来，徐帅成功完成了这项设计，并且凭借这个设计获得了大奖。徐帅在评论自己的工作时说："我对工作的热爱超出一切，所以我才能够有今天的成就。"

　　从徐帅的成功中，我们可以总结出：保持持续的工作热情，让自己的工作热情点燃同事的工作热情，是我们在职场中生存和发展不可或缺的基本素养。试想一下，当你对一项任务全无热情时将会发生什么。一旦某件事出错，你便会放弃。因为你对此毫无兴趣，毫无热情，倒是高兴它即将结束。

　　即使有的时候，在工作中我们发现自己能力不够，但只要具备热情，就可以把有能力的人聚集到自己的周围。即使没有资金、没有设备，但只要我们满腔热情诉说自己的梦想，就会有人出来响应。

　　热情是成功的源泉。无论如何非成功不可的热情和意志越是强烈，成功的概率就越高。所谓炽烈的热情，是指一种精神状态，就是睡也想、醒也想，就是 24 小时思考问题。当然，连续 24 小时思考同一个问题是不可能的，但是专注、执着、毫不动摇的意志十分重要。这样的话，你的成功愿望就会渗透到潜意识中，不管睡着还是醒着，你都能够持续不断地把你的意识集中到要解决的问题上去。只要充满成功的激情，你就能走向成功。

一个人充满热情并不仅仅是外在的表现，它会在你的内心形成一种习惯，然后通过你的言谈举止不自觉地表现出来。这种习惯没有什么可以阻止，它有助于你摆脱怯弱心理的羁绊，走向成功的坦途。

没有热情，任何伟大的业绩都不可能出现。不少人失败的原因不是没有能力，也不是没有机会，而是失去了热情。热情就像火种，它能点燃人的潜能，让人所有的智能充分地发出光来。一个人如果缺乏热情，是不可能有所建树的。

坤福之道

各种成功素质中，居于首位的是热情。热情是一种精神特质，代表一种积极的力量，可驱动人奔向光明的前程，激励人唤醒沉睡的潜能，发挥无穷的才能和活力。任何工作，只要你想做，并把满腔热情贯彻始终，那么，在不远的地方等着你的，一定是万人瞩目的成功！

从菜鸟到专家水准，中间相隔一万个小时

一般人认为成功主要来自天赋，没有天赋就不会有成功。但事实上，天赋固然重要，但并非唯一或最为重要的东西，真正有用的是切实的练习、实践。

我们可以看到，比尔·盖茨之所以能成功，主要是因为在他自己开办公司之前，就已经在计算机程序设计上花费了一万多个小时。披头士乐队毫无疑问是有音乐天赋的，但他们也确实比别人付出了更多的心血，他们最初受到注目就是因为去德国汉堡表演。在那里他们一晚上演五小时，一周演七天，正是这初次演出机会使他们大放异彩。

一位外国学者提出"一万小时"的成功法则。也就是说，任何领域中成功的关键在于实践，长时间的实践。综合各个领域的研究，他计算出这个实践时间的平均值应该是一万个小时，也就意味着，从普通的职场人到某个领域的专家，相隔一万个小时。

普通人每周工作 5 天，每天工作 8 小时，所以每周花在工作上的时间大约为 40 个小时。由此推算下去，一个职场人每年大约工作 1920 小时。因此，一万小时定律就意味着：在一份工作上至少专注地坚持 5 年，你才可以达到行业内的专家水准，这也是人力资源专家们常说"5 年不辞职"的原因。

事实上，这一万小时练习并非常规练习，而是一种设定了清晰的目标，以适当的难度在自己的能力边缘通过不断犯错而获得精进技能的一种练习。并不是随随便便，只要工作时间达到 5 年就能够成为专家。

田甜和晓冉同龄，都从小学习舞蹈。田甜非常喜欢跳舞，每次在培训班的课程结束后，还会在镜子前面继续练习，迟迟不愿离去。晓冉学习舞蹈主要是因为妈妈年轻的时候有个未竟的舞蹈梦。晓冉虽然不讨厌跳舞，但是下课后还是着急回家跟小朋友玩耍或者看电视。时间一天天过去，转眼两人到了 15 岁，田甜考入了省内某歌舞团，成为专业的舞蹈演员，而晓冉继续一边读书一边跳舞。

田甜从 15 岁开始，进行了更加系统的专业训练，每天早晨一起来就是练功，之后是基本体能的训练和舞蹈练习。她每天都要在练功房里待上 10 个小时以上。辛勤的汗水换来了回报，田甜在三年间主演了本团的两个大型音乐剧，成了业内小有名气的新秀。取得了成绩之后，田甜的生活开始忙碌起来，四处参加比赛、不断进修占用了她大量时间，但是在训练上她从未放松，依然每天保持 6 个小时以上的基本功练习。

晓冉 15 岁的时候，虽然舞蹈水平在同龄孩子里算是不错的，但是父母遵从她的意愿，让她继续在普通高中就读。晓冉每周都会继续上舞蹈课，也会每天坚持练习。但是由于课程紧张，她花在舞蹈上的时间还是变短了。三年后晓冉考入大学，业余时间充裕，又开始跳舞。每天的练习对她来讲更多的是读书后的放松，她并没有用专业的要求来衡量自己。

晓冉大学即将毕业的时候，恰巧遇到田甜所在的舞蹈团进入高校演出。同样是 22 岁的两个姑娘再次相遇，这时田甜已经是小有名气的舞蹈家了，而晓冉则还只是一个普通的舞蹈爱好者。

★★★★★

一万小时法则意味着长久的坚持和持续的训练。田甜热爱舞蹈，每天高强度、长时间地练习，到她 22 岁的时候，积累的有效实践时长甚至早已超过一万个小时。更重要的是在练习的过程中，她在不断地挑战自己的极限，每一次的练习都是在注意力高度集中的状态下进行的，这样才有了后面的成就。

晓冉只是把舞蹈作为一种爱好，她在练习中，身体和注意力始终处于一种舒适的状态。在这种状态之中练习，无论时间是否能够累积到一万小时，其实都很难有超越和提高，所以晓冉也只能是一个普通的爱好者。

一万小时法则不是指花一万个小时机械重复着相同的内容。

不断地刷新对技能目标的认识，并提升自己思考练习的方法才是最重要的。

一万小时法则其实并不新鲜，伟大发明家爱迪生说过："天才是百分之一的灵感加百分之九十九的汗水。"中国人也早就有"十年磨一剑""坐十年冷板凳"等箴言。人们眼中的天才之所以卓越非凡，并非天资超人一等，而是付出了持续不断的努力。没有经过一万小时以上的锤炼，很难从平凡变超凡。简单地说就是，一个人要成为某个领域的专家，起码需要一万小时以上的反复练习，但真正能够坚持完成这一万个小时的却是少数。

对于职场人来说，从业时间并不是衡量行业经验的主要标准。例如，在寻求升职或者跳槽的过程中，决定简历上的"5年市场部经验"这一条到底值多少钱的，是你在5年的市场部工作中收获并得到大幅提高的业务能力，而非仅仅是5年这个时间节点。和5年如一日地在市场部门做最基础最琐碎的工作的人相比，一直在不断地回顾总结并提升工作方法的人的职场竞争力显然要更强大。

坤福之道

我们要清晰地明确一万小时法则的内涵，在这个基础上，如果你能够就所从事的工作进行一万小时的练习，相信你一定能够成为职场中的精英。

注意控制节奏，培养你做事专注的能力

孔子带领学生去楚国采风。他们一行从树林中走出来，看见一位驼背翁正在捕蝉，他拿着竹竿粘捕树上的蝉，就像在地上拾取东西一样自如。

"老先生捕蝉的技术真高超。"孔子恭敬地对老翁表示称赞后问："您对捕蝉想必是有什么妙法吧?"

"方法肯定是有的，我练捕蝉五六个月后，在竿上垒放两粒粘丸而不掉下，蝉便很少有逃脱的；如垒三粒粘丸仍不落地，蝉十有八九会捕住；如能将五粒粘丸垒在竹竿上，捕蝉就会像在地上拾东西一样简单容易了。"捕蝉翁说到此处将将胡须，严肃地对孔子的学生们传授经验。

他说："捕蝉首先要学练站功和臂力。捕蝉时身体定在那里，要像竖立的树桩那样纹丝不动；竹竿从胳膊上伸出去，要像树枝一样不颤抖。另外，注意力高度集中，无论天大地广，万物繁多，在我心里只有蝉的翅膀。精神到了这番境界，捕起蝉来，那还能不手到擒来，得心应手吗?"大家听完驼背老人捕蝉的经验之谈，无不感慨万分。

孔子对身边的弟子深有感触地说："神情专注，专心致志，才能出神入化、得心应手。捕蝉老翁讲的可是做人办事的大道理啊！"

驼背翁捕蝉的故事向我们昭示了一个真理：凡事专心致志、心无旁骛，就能出色地完成工作，取得成功。大多数失败的人并不是沿着一条道路一直走到底，而是从成功的起点出发，却选择了在中途折返，再沿着另一条成功的道路前行，然后又选择中途折返。这样在开始和放弃之间反复往来，最终没有一条成功的道路是走到终点的。相反，成功者出于各种原因，往往能够将全部的精力放在一件事上。

那么，是什么导致了失败者的不专注呢？专家认为，削弱专注力的因素主要有三点。

第一是缺乏对不专注的惩罚。一个人随意放弃的行为得不到应有的惩罚，将会助长他这种随心所欲的态度。有些时候，制度会被看作是一种对人自由个性的摧残。但你必须明白，人的天性是自由散漫的，如果没有制度的存在，依靠人内心的自觉是绝对不可能将自己按在一件事上的。所以说，当一个人无法专注于某事时，我们首先要检查他身边的制度是否发生了缺失，或者干脆就不存在。

第二是缺乏对所从事工作的兴趣。当一个人发自内心地热爱某件事之后，他会心无旁骛地投身其中。有些人把自己在工作的时候无法专注，归咎于自己天生就没有专注力。但事实上，当他们在玩网络游戏的时候，却能够全身心地投入其中。所以说，他们无法专注于工作并不是他们没有专注力，而是他们无法从工作中得到快乐。也就是说，兴趣的缺失会导致专注力被削弱。

第三是缺乏阶段性的成就。在专注于某事一段时间之后，很多人会在心理上和生理上产生一定程度的疲劳。这时候，一些阶段性的成就会让人重新亢奋起来，让专注行为显得有乐趣而不是越来越枯燥。所以，如果不能够阶段性地取得一些成就，不能经常性地证明一下自己，人的专注力就会被削弱。

总的来说，成功者与失败者相差的往往就是专注。如果我们将一万个小时具体计算一下，它不过是连续9年的每天3个小时。在人生的初期，任何人都能够从一天中抽出来这3个小时去做一件事，但难的是如何能够投身于此事坚持9年不放弃，这就是专注力所要解决的问题了。

那么，如何来培养自己的专注力呢？我们不妨按照下面六个步骤来训练。

第一步：设定目标。有意为自己设定一个要自觉提高注意力和专注力的目标。在此之后你会发现，在非常短的时间内，你的专注力有了迅速的改善。

第二步：自我暗示。在因为专注而感觉到疲惫的时候，要给自己强烈的暗示。暗示这种疲惫是一种考验，战胜这种疲惫就会得到精神上的愉悦。在这样的暗示下，因为专注而带来的痛苦就会相对减少，专注力便不会再被视为是一种折磨。

第三步：清理大脑。一个充满各种各样想法的大脑，很难将全部的精力放在一件事情上面，因此培养专注力的时候，我们必须要清理大脑中的杂念，将那些不切实际的想法抛诸脑后。当大脑中只剩下一个重要的想法时，我们的注意力就自然被集中了。

第四步：清理空间。当我们处于一个杂乱的环境中时，容易被环境中的事物所影响，比如处于闹市中的人很难专注地看书，因为他的注意力太容易被吸引了。因此，如果条件允许的话，在训练专注力的时候，我们要尽量置身于一个相对简洁、安静的环境当中。

第五步：排除干扰。在一个非常安静的环境中，我们仍然可能会出现注意力不集中的情况，这是因为专注力受到了干扰。干扰不仅仅出现在外部环境中，也出现在我们的意识当中，因此排除干扰的行为必须具备一定的强制性。

第六步：控制节奏。全世界的中小学课程时间往往都是 40 分钟左右，这是因为中小学生的注意力往往只能维持 40 分钟。如果超过这么长时间而不给他们放松注意力的机会，他们的注意力就会自己转移出去。

不少人认为只有长时间精力集中才算具有强大专注力，但是科学研究发现，人不可能长时间精力集中，这是由人的大脑结构决定的。因此，培养专注力的时候，我们也要注意控制节奏，以免造成生理上的损伤。

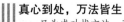

坤福之道

专注力可以通过后天的训练加以培养，而只要训练的方法正确，即便是再普通的人也能够成为一个专注力强大的人，也可以拥有这种只有成功者才有的特质。

第六章 不经一番寒彻骨，
怎得梅花扑鼻香

　　当我们出生在人世间的那一瞬，上苍就赐予了我们很多礼物，包括生命、语言、美貌、健康，当然还有逆境和磨炼。或许你会问磨炼也能称得上是礼物吗？回答是肯定的。逆境让你更加深刻地理解人生，更加真切地体会生命。正是因为这些逆境的存在，你的人生才充满力量和斗志。正如上苍赐予梅花沁人心脾的芬芳，同时也给了它必须经受寒冷的逆境。不经一番寒彻骨，怎得梅花扑鼻香？

只有经得住挫折，才能扛得起成功

　　人生有时像一场赌局，任何人都不可能总是赢家，也不可能老是输家。在人生的道路上，要经得起大风浪，只有在惊涛骇浪中才能认清自我。如果说立志是播种，工作则是辛勤的浇灌，那么成功就是结下的果实。

　　有的人在面对失败的时候，不能很好地处理。当他们遇到一些经济上、生活上或名誉上的挫折时，思想就崩溃了。只有那些能够从不幸中站起来的人才真正值得我们敬佩，因为他们拥有宽广的胸怀和优秀的心理素质。有位失败者曾经说过："难道有永远的失败吗？不！我宁可一千次跌倒，一千零一次爬起来，也不向失败低一次头。"有这种心态的人，相信他一定不会永远与失败相伴。

★★★★★

　　晓君是一位青年演员，在演艺圈小有名气，小时候因为演了一个配角而红遍了大江南北，成了家喻户晓的童星。然而让所有人没料到的是，她并没有继续自己的演艺生涯，而是选择回到学校，和普通人一样完成了自己的学业。大学毕业后，晓君才重新回到演员这一行，但是她并没有急于重新走红，而是一步一个脚印，踏实地演好每一个角色。在晓君重新进入演艺圈后近七年的时间里，她接拍的戏都是不温不火，其中甚至还有几部

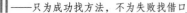

冷门的电影，晓君也因此被媒体冠以"票房毒药"的称号。然而晓君依然坚持自我，没有急于证明自己，对一些热衷炒作的影片邀约她也从来不接。

第八年，晓君终于接到了一部票房大火的电影，不仅让她重新引起大众的关注，还凭借此作品收获了影后的称号。晓君在接受媒体采访，被问到是如何度过那段低迷的演艺岁月的时候，面带笑容地说："只有输得起，才能赢得起。"

★ ★ ★ ★ ★

晓君的职场是在舞台上，比起普通人可能更加艰辛，她的成败得失无一不暴露在公众的面前，没有丝毫可以逃避的机会。但当她面对失败的时候，心态比大多数的普通人更平和。其实，无论你从事的是什么职业，都必定会面对各种各样的失败。只有经历过挫折的人，才会更懂得坚强，一个输不起的人同样赢不起。

我们每个人在一生中，随时都有可能会碰上湍流和险境，如果我们低着头，看到摆在我们面前的只是险恶与绝望，这会让我们在恐惧中丧失斗志。但假如昂起头，我们就能看到一片广阔的天地，那是一片充满了希望并可以自由飞翔的天地。如果把生活比作一首乐曲，那么失意就是其中不可或缺的音符。有了它，生活的乐曲才会奏出抑扬顿挫的华美乐章。有的人眼里只看到成功，却不能看到成功的前面还横着一条河。这种人虽然是乐观的，但也是盲目的。有的人眼里只看到失败，却听不到咫尺之遥的成功正在大声呼喊。

这种人活得很憋屈，遗憾的是世界上偏偏有很多这样的人。

生活中有很多事情都像一场博弈，每个人都想成为赢家，也有很多人因为怕输而不敢参与，或者即使参与也是一开始就输了。博弈拼的是心理，谁不怕输，谁就能赢得最终的胜利。不过，这里的"不怕输"必须是真正的心无杂念，强装或勉强的心态都是没有用的，那只会让自己在关键时刻退缩，把赢的机会拱手让给别人。只有真正拥有"输得起"的心态，才能在职场激烈的竞争中不再瞻前顾后、缩手缩脚，才能在平和中获得胜利。

当我们遭受挫折时，只要不把挫折当作放弃努力的借口，那么就可以从一个新的角度来看待那段让自己停步不前的经历。想开一点，对自己说：那也没什么大不了的！

坤福之道

> 一时的失败不用在意，不到最后时刻，谁也无法下结论，判定你到底是成功了还是失败了，因此在任何阶段我们都要满怀希望，不要泄气。只有经得住挫折，才能扛得起成功。输不起的人，很难取得大的成就；只有输得起的人，才会充满无穷的力量，才能赢得最后的胜利。

失败是弱者的绊脚石，强者的垫脚石

职场不可能一帆风顺，其中总会有些人成功，有些人失败。

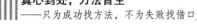
有的人因为不能很好地面对困境，于是放弃了全部，这些人经不起失败的考验。

输得起是一种勇气，赢得起是一种信念。在争取成功的道路上我们越是惧怕失败，失败就越是紧随着我们。倘若我们用一颗平常心去面对失败，那么我们就会赢在最后。

要抓住万分之一的机会，并不是一件容易的事，必须有积极的心态和乐观的人生态度。只有凡事都往好处想，才能在困难中看到机遇和希望，增强生活的勇气和力量，从而战胜各种艰难险阻，最后赢得人生与事业的成功。而悲观者通常会将困难看作洪水猛兽，看到前方一片黑暗，马上就想到要放弃和退却。这样的心态，哪怕有再好的机遇，也会与他擦肩而过，他注定是人生道路上一个一无所获的失败者。

★★★★★

高磊出生在南方一个普通的农村家庭，高中毕业后考上了大学，成了村里的第一个大学生，但是他大学毕业后找工作却并不顺利。他先是参加了公务员考试，但却没能考上。后来，他加入了一家大型的教育培训机构，成为一位英语老师。

由于高磊教导学生时非常耐心，教学方法和效果都不错，因此吸引了不少慕名来报名的学生和家长。但是，培训机构由于经营不善，没多久后竟然倒闭了。面对突如其来的变故，高磊没有气馁，他租下了某住宅小区里的一套单元房，开始自己开班招生授课。半年后，学生人数渐渐多了起来，培训机构发展势头不错。然而万万没想到的是，由于一次用火不慎，高磊租住的单元房起火了。尽管没有造成人员伤亡，但他仍然遭到了学生家长们的指责，单元房也被房东收回了。

祸不单行，恰好这段时间高磊的父亲病重，他不得不放弃城市里的事业，回老家全心全意照顾父亲。等到父亲的病情好转，不服输的高磊又开始到县城创业。这次高磊租下了一个门面房，开办了一家小型的文化课补习班。经过几年的不懈努力，高磊的补习班发展成了县城里规模最大的培训机构，他终于从一个普通的打工仔摇身一变成为老板，获得了相当可观的收入。

人生不如意事十有八九，每个人都无法避免遭遇挫折和失败。上面故事的主人公高磊的经历可以说相当不幸，他遭受了一次又一次的挫折和沉重的打击。面对逆境，该做何选择？是知难而退放弃挑战，还是迎难而上接受挑战？高磊最终选择勇敢地站了起来，用自己的行动证明了自己。面对挑战不能流泪，挫折不应该成为放弃努力的理由！

在职场打拼，本身就是一种挑战，只要你肯努力去证明自己，不认输，就一定可以体会到成功的喜悦。假如每个人都可以变得豁达、乐观，将失败看淡一些，那么你我便都能品尝到积极态度带来的快乐，即使在一无所有的时候也可以泰然处之，最终成就自己。

比尔·盖茨在接受《金融时报》的采访时曾经说过这样一段话："我也有过颓废和胆怯的时候，微软公司在每次起飞的过程中都会遇到困难和阻力，而且一次比一次大，从技术难关、竞争对手的围攻到政府的指控，假如我没有勇气和毅力战胜颓废和胆怯，市场竞争的浪潮肯定早就把我淹没了。"

其实，当我们在职场上遭遇失败的同时，也会被赋予走向成功的能力。我们一定要坚信，没有过不去的坎，只要你有迎接困难的勇气和胸怀，在打击和问题面前不退缩，不被挫折吓倒，在哪里跌倒就在哪里爬起来，重新调整自己的状态，勇敢地迎接挑战，就一定会迎来属于自己的辉煌。

坤福之道

> 对于弱者来说，失败是绊脚石，对于强者来说，失败则是垫脚石。失败不应该成为选择放弃的理由，而应该是你迈向成功的动力。国外的一位发明家曾经说过："我坚持努力了五十余年，一直致力于科学的发展。如果用一个词道出我最艰辛的工作的特点的话，那就是——失败。"因此，我们要为了自己的梦想而不懈努力，善于从失败中吸取经验和教训，然后继续挺胸抬头，迈向成功！

勇于接受失败，才能更好地实现自我

从小到大，我们接受到的教育是永不言败，坚持到底，争取成功，但却很少有人教育我们要学会欣然接受失败。事实上，勇敢地、冷静地、理智地去接受失败往往比追求成功更为重要。

成功不仅需要专业知识和勇气，很多时候还需要一些运气。某网络销售平台的成功，激励着无数年轻人义无反顾地加入互联网创业的大潮。尽管人们都看到网络平台能够在短时间内创造出巨大的财富，可有多少人注意到，一家互联网大公司崛起的背后是一万家互联网公司的倒下。自古以来，成功从来都是小概率事件，绝大多数人是注定要面对失败的。这就要求我们要学会接受失败，并且要能做到屡败屡战，即使失败也不言放弃，直至成功。

★★★★★

老吴是某大型刊物的一名资深编辑，他任职多年，经验丰富。在职场打拼十来个年头以后，老吴辞掉了主编的职位，开始创业。身边的亲友们都不理解他的选择，只有老吴心里很清楚，自己需要的是一片更广阔的天地。

老吴在辞职以后，和朋友一起投入了几十万的启动资金，从国外引进了某著名国际刊物。由于涉及很多知识产权的相关问题，老吴和朋友在短短几个月的时间里多次往返于国内国外，不料最后却在国内的审批手续上遭遇阻碍，项目不得不被暂时搁置下来。

就在身边的朋友们都为老吴的失败而感到惋惜时，老吴却并没有愁眉苦脸，反而抱着更大的激情投入了新的项目中。有人问老吴："辞去了主编的职务你难道就不后悔吗？你都四十多岁了，还整天这样奔波，值得吗？"老吴说："这有什么好后悔的，我辞职出来就是为了创业，创业哪有可能只成功，不失败的？"

从老吴轻描淡写的语气中不难听出来，失败在他看来就如同家常便饭，不值得为之痛哭流涕。正是老吴这种平和的心态，让他有了继续前行的勇气。不久后，老吴的第二个项目获得了成功，一举拿下某国际知名奢侈品杂志的中国出版权，为自己带来了巨额财富。

我们可以接受失败，但不能接受未曾努力奋斗过的自己。只有依靠勤劳的双手，才能到达成功的彼岸。在人生的道路上，难免会遇到一些困惑、迷茫、犹豫和弯路，当命运的阳光被阴沉的云雾笼罩着时，我们需要的是镇定、忍耐、坚持和改变，只要信念不死，奋斗就是另一种风景，失败就是另一种辉煌。失败没有挡住老吴前进的步伐，于是他迎来了最后的成功。

假如你觉得工作失败是外部环境对自己的一种刁难，那么你一开始就输了。反之，假如你认为失败是对自己的一种磨砺和鞭策，那么你迟早会胜利的。如果失败无法避免，那么不妨鼓起勇气面对它。担心失败的职场人们应该对着镜子鼓励自己："我已经尽最大的努力了！"不管结果怎样，只要你努力去做了，就是一种成功。

被击败并不意味着被击倒，在哪里跌倒了，就在哪里爬起来，冷静地分析一下，自己为什么跌倒了，然后再继续努力。将绊倒自己的石头搬开，或是直接绕过去，问题不就解决了吗？

创业的时候，我们可能会遇到更多的失败。当你正在从事的事业或者正在实施的行动遭遇困境、无法摆脱的时候，与其碍于面子硬撑下去，困在原地垂死挣扎，倒不如坦然面对，告诉自己：我这次失败了，重新开始吧！下次我会吸取教训，不再犯同样的错误。

有时候，接受失败就意味着回归真实的自我，意味着打破完美的面具，放松自己高压的心理。接受失败也相当于是给了自己一个从头开始的机会。从这个角度来说，接受失败更像是强者的一种宣言和呐喊。

俗话说"人无完人"，没有人会永远不犯错误，只要犯错，就会有无数次跌倒和失败的可能。勇于接受自己的不完美，认清自己身上的不足，坦然接受自己的失败体现的是一种成熟，更是一种睿智。只有懂得奋斗意义的职场人才会坦然接受失败，才能更好地发挥自身优势，实现自我。

那些过度追求完美的人通常不愿意接受失败，他们往往没有勇气面对自己的不完美，总是在担心和恐惧失败。为了避免失败，他们会前怕狼后怕虎，处心积虑地选择逃避，被动地去面对生活。

有的人始终沉浸在一种虚幻的虚荣心里，无法接受失败，因为他们太渴望成功了。心理学早就告诉我们，一个人的期望值越大，心理承受力就越小，也就越承受不了失败的打击，越容易失败。反过来，如果保持着一颗平常心，反而更有可能获得成功。

坤福之道

> 勇于接受自己的失败，告诉自己这就是现实，这里或许不是自己该去发挥的地方，还是到最适合自己战斗的地方去吧。勇敢地接受失败，会令你的心态更平和、更坦然，也会让你心无旁骛，让你的心灵得到解脱和安慰。

别光顾努力工作，也要学会化解压力

我们这一生大约有三分之一的时间被工作占据着。对大多数人来说，工作可以让我们通过付出时间和精力，获得成就感和薪水，同时也伴随着压力、厌倦等困扰。工作压力无处不在，而工作成就感却是一种奢侈品。职场压力如果太大，会让我们的工作效率降低，延长我们的工作时间，甚至会对我们的日常生活造成影响。

每一个职场都需要面临这样的灵魂拷问：怎样才能化解工作压力，提高工作效率，最终成为职场上的赢家呢？对于职场新人来说，他们的压力主要来自没有紧迫感、效率低下，他们需要的是有效的时间管理策略。

　　小肖大学毕业后任职于一家大型公司，从事设计工作。小肖在大学期间习惯了在考试前突击，走上工作岗位以后还是延续着这个习惯，领导安排给他的工作，他常常拖延到最后时刻才勉强完成。近一段时间来，工作任务重、时间紧，还经常出现一些突发状况。小肖总是感到时间不好安排，工作的效率很低，每天都是疲惫不堪，还总是挨领导的批评，为此苦恼不已。

　　其实，对于很多职场新人来说，小肖的这种情况比较常见。职场新人在校园里习惯了"放羊一学期，突击两星期"的学习方式，在走上工作岗位以后，还一时无法适应这种需要自主安排时间的工作节奏。这时，他们的当务之急是要掌握一套有效的时间管理方法，即根据轻重缓急把自己手上要做的事情进行分类和排队：紧急的事情优先级较高，先处理完；对于重要的事情，则需要分配更多的时间和精力去处理。

　　要善于将自己的工作"化整为零"，各个击破，同时还要改变拖延的坏习惯。可以借助其他一些手段来给自己必要的提醒，例如列出时间计划表等。还可以对工作节奏进行灵活调整，例如可以安排自己在一天中工作效率最高的时间段去处理那些最难搞定的问题，或者当自己经过一段长时间的工作，开始感到疲倦时，可以适当停下来休息，进行一些适当的放松活动。通过这些节奏控制，可以有效地帮助自己提高工作效率，缓解连续长时间工作所带来的紧张和厌烦情绪。

职场人在工作了一段时间后，很容易遇到职业发展的瓶颈，这时你一定要相信自己，静待时机。

　　已过不惑之年的大志，中专毕业后就进入一家事业单位工作，在五年后被提拔为单位的业务骨干。在竞争的压力下，他利用业余的时间拼命学习知识，手上的资格证书越来越多，然而他的工作却越来越繁重了。去年他又获得晋升，成为单位的中层干部，但他却并不开心，感觉自己太辛苦了，工作做了很多，业绩也不错，但并没有得到应有的肯定。大志对自己的未来越来越迷茫，他开始焦虑、烦躁，身体健康也开始出现一些问题，变得越来越不自信。

职场上有很多人和大志一样，在工作中遇到瓶颈，陷入低潮，对自己的未来感到迷茫，不知道出路在哪里。在这种时候，很容易失去自信，不能客观地看待自己。只有充分地了解自己，才能对工作提出合理的期望。很多时候并不是工作打败了我们，而是我们对工作的期待打败了自己。如果你想要提高能力、锻炼自己，那就要做到心中有数，理性面对工作的瓶颈期，有步骤、有计划地提高。

职业女性是一个需要特别关注的人群，她们在上班工作的同时还要兼顾家庭，所以，对她们来说特别重要的就是怎样保持工作和家庭的平衡。

　　高女士是一位职场白领，也是一位有个两岁孩子的宝妈。自从两年前休完产假上班以后，她每天的生活都像打仗。白天在公司里工作的繁杂、老板的苛责以及人际关系的困扰已经让她心力交瘁，晚上下班回家还要做家务、带孩子，身心俱疲。最让高女士无法容忍的是，先生非但不理解自己的辛苦，还经常责怪自己对孩子不够耐心，做家务不够细心，甚至不像个女人。这段时间以来夫妻两人几乎天天吵架，矛盾不断升级。高女士的工作状态越来越差，经常出差错，每天都感到孤立无助，对生活看不到希望，不知道怎样才能摆脱目前的困境。

一个美满和谐、充满爱意的家庭可以给成员生活的自信和克服困难的勇气。对于大多数的女性来说，妻子和母亲更是实现自我价值的重要角色，也是获得幸福人生的重要前提。家庭应该成为一个避风的港湾、个人发展的加油站，而非硝烟弥漫的战场。对职业女性而言，需要知道的一点是，不管家庭还是工作都需要努力用心经营。不妨从容淡定一点，放慢脚步，暂缓实现工作目标的进程，多花点时间和精力照顾家庭，总之，营造和谐的家庭氛围，有助于改善你的工作状态。

坤福之道

身处职场之中，不会总是一帆风顺、轻松愉快，如果希望自己在职场上取得成绩，就必然要承担一定的压力。只有学会了有效地管理工作时间，才能提高自身的工作能力，积极乐观地面对工作中遇到的问题，轻松消除工作中的压力，成为职场中的强者。

欣然面对痛苦，才能尽快走出痛苦

在工作当中，我们可能会遇到一些痛苦的时刻，这或许是工作任务无法完成时的挫败感，或许是职场上人际关系问题带来的内疚感，也或许是工作方向带来的困惑感。各式各样的问题，都有可能造成我们的痛苦。

许多人在痛苦来临的时候，本能的反应是想尽各种办法逃离，毕竟这确实不是什么好的人生体验。因此，有些人选择一醉方休，有些人选择呼呼大睡，有些人则会无缘无故地向身边的人发泄，或是一直沉浸在对过去的美好回忆中无法自拔。

然而，如果你仔细想一下，我们逃避之后，这件事情是否会真的过去呢？我们在发泄完了以后，生活是否能够马上恢复到以前的样子，好像什么都没有发生呢？

很显然，这是不可能的。暂时的逃避对于减轻痛苦不会有任何实质性的帮助，它只会让我们在短暂的麻醉之后，感觉到更加空虚和无所适从。实际上，精神上的痛苦和身体上的疼痛是一样的，假如我们一味地去掩盖，时间长了，就会忘记究竟发生了什么。症状或许可以被掩盖，但真正的问题却无法根治，这样只会让问题越来越严重，我们痛苦的程度也会越来越深。因此，如果真的想要消除这些痛苦，首先要做的一件事情就是接受，直面痛苦，然后想办法去解决。

在职场上，我们常常会遇到许多令我们痛苦不堪的人和事，我们除了坦然接受这些痛苦之外，还需要牢记一点：不要将这些痛苦放大。因为有很多烦恼和痛苦，都是人瞎琢磨出来的。

遗憾的是，在我们的日常生活中，经常发生放大痛苦的事情。而且很多时候，放大痛苦的人往往是我们自己，而不是别人。

★★★★★

郑琦在研究生毕业以后，到了北京一家证券公司上班。公司的日常工作十分繁忙，尽管郑琦在大学里学的是金融专业，但他仍然整天忙得不可开交。经过几年的努力，郑琦由于勤奋忠实、业绩突出，从一名普通的业务员被提升为业务经理。

郑琦在成为经理以后，工作积极性更高了，他带领自己部门的几个同事，一路过关斩将，一举拿下了全公司业绩第一。没想到后来却出现了意外，在一次预算中，郑琦对资金的走向判断出了错误，导致客户蒙受了巨大损失。公司领导对郑琦做了通报批评的处分，并对他的部门做了集体降薪的处理。

原本在职场上一帆风顺的郑琦，感觉自己的职业生涯一下掉到了谷底。在公司宣布处罚决定后的一个星期里，他向领导请了病假，没有去上班，每天闷在自己房间里，感觉没脸见人。郑琦心想，自己的这一次重大失误导致客户遭受损失，今后不会再会有客户信任自己了。想到部门的六个人原先都十分信任自己，私底下都喊自己"老大"，但现在自己却犯了这样的重大错误，害得整个团队一起受到降薪的处罚，郑琦的心里内疚到了极点。他觉得自己再也没脸面对自己的下属，也没必要再在这家公司待下去了，萌生了辞职的想法。就这样，郑琦每天都沉浸在难以自拔的痛苦之中，一直垂头丧气。又过了一段时间，郑琦终于辞去了工作，回到自己的老家另外找了一份工作。

其实，郑琦如果可以在遭遇痛苦的时候，学会坦然面对，那么他的人生肯定不会是现在这个样子。如果他可以适当控制情绪，别让痛苦的情绪成为阻挡自己前进的障碍，那么他就可以走出失

败的阴影。但他却放任自流，任由失败的痛苦情绪蔓延，而且还不断地自我加压，放大自己的痛苦，所以最后只能从大城市黯然隐退。在工作中，遭遇挫折与失误在所难免，只要我们能够就事论事，不泛化也不扩大，不追究以前，也不浮想未来，这样就会大大减轻我们的痛苦，心情自然也会轻松许多。

假如张海迪将自己残疾的痛苦看得像海一样深，那她将永远也走不出残疾的阴影；假如桑兰面对突如其来的意外，将伤残的痛苦看得像山一样重，那她下半生都会沉浸在泪水之中；假如爱迪生在一次次的实验失败面前，背负着痛苦的枷锁，那他永远也不可能有那些伟大的发明……同样的道理，假如我们将工作中的错误、挫折和失败所带来的痛苦无限制地放大，那我们可能永远也不会感觉到幸福和快乐。

坤福之道

在通往成功的道路上，痛苦和挫折在所难免，我们的人生是黯淡还是辉煌，取决于我们究竟是消极逃避痛苦，还是勇敢面对、积极化解。我们只有勇敢地接受痛苦，冷静地面对困难，才能用合适的方式阻止痛苦的蔓延，进而化解痛苦，走向成功。

太在意别人的眼光，将失去自己的光彩

身在职场，无论你做什么事，都会招致他人的议论和评价。

假如你的工作完成得很出色，树大招风，就会有人在背后诽谤你；假如你的工作处处落在他人的后面，别人又会指责你办事不力，拖后腿。

如果你过于在意他人的眼光和看法，行动起来就容易前怕狼后怕虎，整天把自己弄得紧张兮兮的。因此千万要记住，不要为了人际关系而去讨好别人，那样活着太累了。别人对你的看法往往转瞬即逝，就如同你对别人也有过看法一样。因此，不用太在意别人的否定，你对自己的肯定才最重要。

不要让别人否定的目光扰乱你的内心。职场上，总会有人觉得你的工作无法令他满意，假如你的老板对你不满意，那你不妨果断换一个工作；假如你的同事对你有意见，那么就由他去吧。只要做自己觉得有价值的事就可以了，因为你不是为了取悦他人而活着。

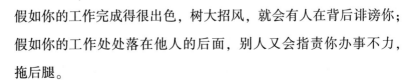

　　小虹是一位刚刚入职不久的杂志编辑。她在读大学的时候，就特别喜欢编辑工作，曾经在校刊工作过一段时间。毕业以后，她如愿以偿地进入了杂志社，这让她格外兴奋。在办公室里，作为最晚入职的新人，小红平时工作十分积极，每天都是最早到办公室，最晚离开。每天一到办公室，就开始烧开水、打扫整理，没人强迫她做这些杂事，是她自己心甘情愿地做着这些分外的工作。

　　尽管小虹默默地在为大家做事，但渐渐地开始有一些风凉话传到她的耳朵里，说她整天假积极，显得别人多懒似的。听了这些话，小虹感到很委屈，她只是因为觉得自己是新人，才义务为大家做这些杂事，万万没想到居然有人会不分青红皂白地拿这些事情讽刺挖苦自己。在一次例会后，主编要求大家就某一系列文章报上自己的主题。小虹第一个将主题报了上去，还额外准备了两个备选的。主编认为小虹十分有想法，做事效率也非常高，选题眼光准确，对她有了很深的印象。

后来，主编在办公室里当着所有人的面表扬了小虹。没想到很快又有人开始针对小虹，说她工作积极全是为了讨好主编，还说她年纪轻轻就这么工于心计。听到这些话，小虹心里更是难过，自己是因为喜欢这份工作才这么积极表现，并没有要讨好谁的意思。尽管也有一些同事过来安慰小虹，劝她不要太在意别人的看法，但是后来主编每次再给自己安排任务，小虹因为担心又有人说一些闲言碎语，所以在完成以后也不敢马上汇报。主编开始觉得小虹这个年轻人做事只有三分钟热度，从此不再重视她了。

★★★★★

小虹原本可以顺从自己的内心，成为一名优秀的编辑，同时赢得主编的赏识，但却由于其他同事的几句闲话就否定了自己，白白错失了机会。职场上的路很长，我们一定不要因为过分在意别人的眼光而迷失了自我。

每个人能到这世界上走一回，已经非常不容易，自己的事情还忙不过来，何必还要浪费时间和生命去理会那些不相干的人呢？尤其是那些误解你、中伤你的人，更没有必要理会他们。只要坚持自己的理想和信念，任何人都不是你的对手，唯一能打败你的只有你自己。

在日常生活中，评价别人和被别人评价都再正常不过，哪个背后没人说，哪个背后不说人？无论别人如何看你，怎样说你，你都大可不必太在意，更不用去理睬。嘴巴长在别人身上，我们无法阻止他们说什么。不过，对待流言蜚语该怎样做你却可以选择。

在竞争激烈的职场里，自身实力很重要。如果你像比尔·盖茨、马云那样强大，你还会在乎人家在你背后指指点点吗？所以，最重要的不是别人怎么看你，而是自己的路该怎么走，怎么才能走得更远。

我们生活在这个世界上，想要完全不在意别人的看法是不大现实的，因此，适当考虑别人的想法无可厚非，然而假如别人的想法是毫无根据地否定你的工作和你做人的价值，那么你就完全可以不必在乎了。如果你一直在意别人的想法，每做一件事都要担心别人会怎么看待，那就会变得越来越没有自信，最后导致自己一事无成。

更重要的是，千万别让别人的想法决定你的人生。永远不要忘记自己是谁，也不要轻易放弃自己的梦想，因为没有人比你更清楚你自己要的是什么。坚持自己内心的选择，不忘初心，风雨兼程地朝着你的梦想前行。要知道，在这个世界上没有人可以轻视你，只有你才是自己梦想和幸福的唯一主宰。

太在意别人的看法会使自己的生活过得如履薄冰，丢掉做人的骨气，也无法放开手脚去做事。这样既无法赢得别人的尊重，也会令自己不敢创新，没法做出成绩。所以，对别人的眼光不要太在意，只要顺其自然地做自己，成就自我，就有机会获得职场上的成功。当你不再想着逃避别人的否定，也不再那么渴望得到别人的好评的时候，反而更容易得到别人的肯定。

没有真正的绝境，只有绝望的思维

在这个世界上，没有真正的绝境，只有坚持不过去的人。所谓的绝境，通常都是人在最艰难的时候自己想象出来的，其实希望无处不在，只要你愿意去坚持和努力。如果你执意闭上双眼，就算希望近在眼前，你也会看不见。

无论你身处怎样的境地，都不要主动放弃希望，或许你多向前走一步，就能迎来转机。所有的成功人士都曾经历过失败，也都曾遭遇过极其艰难的处境。他们之所以最后能够成功，无非是因为他们从困境中挣脱了出来。生活中没有绝境，在成功的路上也没有过

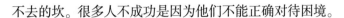

不去的坎。很多人不成功是因为他们不能正确对待困境。

梅花香自苦寒来，阳光总在风雨后。面对职场的困境，我们一定要保持平常心，不但要勇于面对，努力拼搏，更要沉着冷静，能屈能伸，学会微笑和坦然。只有这样，才能摆脱困境，获得事业上的成功，创造辉煌。

在职场的奋斗路上，当我们苦苦挣扎却不见成效时，可能会产生一种身处绝境的感觉，但此时你一定要坚持住，因为这个时候往往正酝酿着巨大的转机，距离成功或许只有一步之遥。只要我们能够跨过这一步，成功就会迎面而来。

★★★★★

杨宏在国内某重点大学攻读计算机专业，在取得硕士学位后，到了美国硅谷一家互联网公司工作。那时互联网在国内还没有普及，杨宏虽然在公司里拿着一份不错的薪水，但他看好国内的市场，准备回国创业。父母却并不支持他的这个决定，经过5个月的考察，杨宏毅然带着10万美元的贷款回国，创办了一个信息分类网站。

不过，当杨宏回到国内以后才发现，市场上已经有了不少同类型的网站，杨宏的公司和团队面临着激烈的竞争。杨宏的计划是逐步占领各大城市的市场，但是他每前进一步，都需要投入大量的人力物力，耗费大量的资金，而公司的盈利模式却迟迟找不到方向。

　　杨宏回国创业后的第三年，公司的资金链出现了问题，整个公司的管理层开始停发工资，为了维持公司的日常运营，甚至有几个人开始往里贴钱。杨宏感到自己的事业正在一步步陷入绝境，加上此时的经济大环境一路走低，以往的投资人都变得越发谨慎，再也没什么人愿意给杨宏投钱。

　　杨宏每天晚上都失眠，无时无刻不在害怕第二天早晨公司就会倒闭。然而他始终不愿意放弃，积极通过各种途径寻找问题的解决办法。正在此时，有一家著名的外国公司在中国寻找合作伙伴，杨宏经过与他们多次协商，最终与他们达成了合作，帮助公司顺利摆脱了这场资金危机。十年后，杨宏的网站一举成为占领市场份额最大的信息分类网站。

　　杨宏的公司在第三年的时候遇到了极其严重的资金危机，可以说是陷入了绝境，所幸他并没有放弃自己的选择，而是坚持了下来。功夫不负苦心人，在整个团队的共同努力下，杨宏的事业终于出现了转机。很多时候，我们会感到自己已经山穷水尽，无路可走了，于是就停下了脚步。但是你不往前走，又怎么知道前方不会柳暗花明呢？

　　无论遇到什么样的困难，我们都要坚信，只要坚持就会有希望、有转机。只要你的心灵不曾干涸，再荒凉的土地也会变成生机勃勃的绿洲。没有谁可以一帆风顺，很多时候困难往往会超乎你的想象，让人很容易产生动摇，甚至半途而废。然而，每一位成功者，每一家成功的企业，每一单业务的成交，都来自积累，只有不断地积累，才能取得进步和发展。

我们每遭受一次挫折，对生活的理解就会加深一层；每失误一次，对人生的领悟也会更添一层；每经历一次磨难，对成功内涵的理解也会更透彻一层。从这个角度来看，想要获得成功，首先就要真正经历逆境，体验那种在逆境中坚持的感觉。不管处境是多么令人绝望，只要还有努力的机会，我们都要放弃埋怨、放弃悲观、积极拼搏，因为事情总会在你的努力坚持下出现转机。

挫折和困难本身并不可怕，可怕的是我们在思想上首先被打倒。遇到困难只有两种选择：要么打败困难，要么被困难打败。当我们跨过去以后，再回过头来看，就会发现这些都只是的一种经历而已。

换个角度讲，哪怕事情真的非常严重，逃避也于事无补，困境绝对不会因为我们绝望的情绪而消失，相反只会变得越来越严重。人生道路不可能都是阳光大道，我们也会遇到一些崎岖曲折的羊肠小道和险恶的崇山峻岭。难道因为路变得难走了，我们就要停下脚步吗？除非你甘心一辈子停在原地，否则就应该积极地寻找前行的路。

不管前方有多少艰难险阻，只要我们不停下脚步，不后退，再漫长再艰难的路，都总会有走到终点的那一刻。

坤福之道

我们要始终坚信，上帝为我们关上了一扇门，必定会再为我们打开一扇窗。痛苦、失败和挫折都是我们必须要经历的阶段。哭是一生，笑是一生，我们不妨每天都给自己一个希望，给自己一份豁达的心情，让自己勇敢地面对生活中的种种挫折与磨难。

第七章　带着目标上路，更容易抵达梦想的彼岸

　　成功的白手起家者都会以一个具体而明确的目标为基础，全力以赴，竭尽所能。有了明确的目标，才能凝聚起内心的力量。如果没有明确的奋斗目标，当你遇到挫折时，就很容易气馁，让曾经的所有努力都付之东流。而你心中那座无价的金矿，也会因得不到开采而无法绽放光华。

想取得不凡的成就，首先要有明确的目标

随着生活节奏的加快，人们越发忙碌起来。然而，也许夜阑人静的时候，你常常想，为什么别人在忙忙碌碌中获得了好的收益，而自己再忙碌也仅仅是解决家庭的温饱问题呢？大家都是一样的忙碌，为什么却换来不一样的结果呢？

我们在生活中常常会看到那些来去匆匆的背影，为了生活四处奔波，疲惫不堪。或许，你我都是这其中的一员，神经绷得紧紧的，下班后在沙发上缩成一团，连自己今天做了什么都忘记了。我们一直被时间追赶着，却毫无招架之力。忙碌的日子让生命失去光彩，我们甚至连看路的时间都没有，完全处于瞎忙的状态。

之所以出现这种情况，通常是因为我们没有事先确定好生活目标。如同健身房中的会员，有人只是摸摸里面的健身器械，离开时却忍不住想，为什么自己的健身效果不明显呢？而健身达人却是精神气十足，全身的肌肉都得到了有效的锻炼。是什么原因导致差别这么大呢？因为健康达人先将自己的目标确定下来，如今天的目标是在跑步机上跑五公里。因此，我多跑一步，我离目标就更近一些，跑得越多，成就感就越强。显然，这种自我激励模式特别值得提倡。

若没有目标，在运动的过程中，就会觉得时间过得特别慢，跑一公里怎么会要这么久？同样，如果工作失去目标，如同黑暗

里的远征，瞬间就会被绝望淹没。

★★★★★

在大学毕业后的两年时间里，史娅换了三份工作，最后一份工作是供职于某医疗器械公司，岗位是文秘。史娅的工作相当琐碎，如整理每周数据，收集有关医疗器械行业的资讯，根据材料撰写文章，等等。在职期间，史娅认真工作，刻苦耐劳，哪怕加班加点也会按时完成领导安排的任务。工作一段时间后，史娅开始迷茫了，每天都是重复地做表格、编写材料，工作目标模糊，她都弄不清这份工作未来能够带给她什么。就这样，史娅在八个月后再次辞职了。

齐红是史娅的接班人，这是她的第二份工作。在此之前，她在某公司担任行政一职。齐红的工作内容和史娅一样，但是不同于史娅的地方是，齐红对工作进行初步细化，将工作分成若干部分，并着手分析各项工作的目的。渐渐地她明白了，公司是为了掌握销售情况而要汇总每周数据的，所以齐红向领导建议，将过去的八份表格优化为五份，在原数据得到完整保留的前提下，将不必要或重复的数据除去。

搜集新闻则是为了增加领导对行业发展的认识，齐红与领导商议后，确定每个星期进行两次新闻汇总。一方面，可以使领导收集到更精准的数据；另一方面，自己不必将过多的时间投入到网站里。如此一来，工作目标清晰了，流程精简了，齐红有了多余的时间，可以及时完成临时编写材料的任务。通过细致观察，齐红发现自己的工作与业务经理存在较大的联系，就积极与业务经理分享信息，在工作上给予他更多的便利，业余还研究起医疗器械销售业务问题。不久后因为业务经理助理获得晋升，齐红就顺理成章地成为业务经理助理。

为什么都是从事文秘一职，二人的结局却是大相径庭呢？原因很简单，史娅仅仅是为工作而工作，不去分析各项工作有什么目的，更别说去思考什么是自己的工作目标了。她表面上看是能吃苦，往深一层看是碌碌无为，如同迷失方向一样在沙漠里乱跑，就算跑到筋疲力尽，也不知道出口在哪里。

相比之下，齐红的目标很明确，会分析每一项工作的目的，清楚个人的职业前景。因为工作目标清晰，她的生活和工作也就更有动力。工作再烦琐，她都没有半点怨言，因为她知道，她的努力肯定会得到应有的回报，每天努力一点，自己就进步一点。

通过二人的经历，我们能够从中获得许多启示。当我们在工作以前确定目标，并且能把自己已经完成的工作和未来目标对照，就会明白自己离目标有多远，就能够将更多的热情和专注力投入到工作当中。在此期间，我们会冲破一道道屏障，克服各种困难，直到任务完成。实际上，我们要想过上优越的、幸福的生活，首先就要确定目标，哪怕是想要得到他人的尊重，不随波逐流，不甘于平庸，都离不开目标的正确引导。

 坤福之道

> 面对日益加剧的职场竞争，不少人只会盲目工作，却不曾想过，确定职业目标是我们获得卓越成就的前提。在职场中，目标如同一盏不灭的照明灯，引导我们往正确的方向走去，直到获得成功。

如果目标没有期限，成功也将遥遥无期

许多时候，我们都曾经苦恼过，明明自己的工作目标早已确定下来了，但是，这些目标并没有在时间的推移中按时完成，自己依然一无所获。仔细看一下，一些目标早已过了规定完成的时间，一些目标好像又那么遥远，最终内心严重受挫，从而放弃原定的目标，再次进入盲目工作状态。

每个人都有自己的目标，只是很多人都没有为目标设定期限。若不设期限，那么无论是花 10 分钟完成一件小事，还是花 10 年的时间去完成一件大事，均是空话。在惰性的驱动下，人们做事喜欢拖拖拉拉，朝三暮四。不设限期的目标，容易使我们放松懈怠，一再延误目标的达成时间，从而无法取得成功。

★★★★★

教龄超过 20 年的蒋老师依然只有初级职称，每每接待新进校的年轻老师时，他总是自惭形秽。

回首当年，刚进校的蒋老师也是一名青年才俊，拥有较高的业务能力和专注的教学态度，获得学生们的一致认可，他本人也是信心十足，试用期一过就将初级职称收入囊中。

蒋老师的下一个目标就是中级职称。但是他认为，既然转正了，怎么也得庆祝一下，反正评职称需要几年的时间，不差这一两周。因此，喜欢尝试的蒋老师迷上了交谊舞，去公园一跳就是许多年。

日子过得自由自在，蒋老师放在业务上的心思越来越少了，导致自己渐渐落后同事一大截。写论文的时间早安排好了，但是从开学起，到学期结束，迟迟没有完成。学期结束后又需要到外地接受培训，论文的撰写任务又往下一学期推。相比于学生，蒋老师更怕开学，原因是自己很多工作没有按时完成，一旦开学，难免手忙脚乱。

在接下来的三年时间里，蒋老师谈起了恋爱，并顺利结婚了。婚后的蒋老师开始以家庭为重心。他知道，撰写论文以及做项目是参与职称评定的条件，然而他能够用于这一方面的时间几乎没有了。比如上个寒假，先是孩子生病，后是回老家过年，再然后是回自己家里，最后是参加朋友聚会。如此一来，开学的时间就迫在眉睫了。开学后，白天上课，晚上回家做家务。当一切都做好，在夜深人静时坐在电脑桌前，人也早已疲惫不堪，哪还有精力去撰写文章呢？直接往床上一躺，日子就这么过去了。

在忙碌的家庭生活中，蒋老师虽然知道自己的职业目标是评上职称，为家人提供更好的生活，然而他从来没有时间去做这些事情。夜阑人静时，他总是对自己说：职称的评定需要时间积累，不是想评就评的，我先积累经验，厚积薄发，到时肯定能轻松获得中级职称。

每到开学季，一份以工作目标为主要内容的表格就放到蒋老师的桌面上，然而从开学到学期结束，蒋老师都不曾打开过这份表格。有时蒋老师抽空会写一下文章，但是直到杂志社截稿了，他还是没有完成他的文章。

蒋老师离他一早定下的目标越来越远了，不知不觉间教龄就有20年了。蒋老师不明白，为什么他的工作目标那么明确，却一直无法实现呢？

其实，蒋老师之所以出现这种问题，是因为他并没有设定目标的实现时间，总认为来日方长。刚入职时，他认为自己年轻，有的是机会，对自己太过放松。等到上了年纪，想要再努力一把时，却发现高强度的工作早已超出个人的承受能力，长期的懈怠降低了他的业务水平，要想恢复到以前的状态几乎是不可能的事了。于是他自暴自弃，放弃了目标，更别提给目标确立期限了。

若蒋老师从 20 年前起就确立目标的实现期限，不管是 5 年还是 10 年，他都会记得在这段时间里完成论文撰写和做项目的任务，如一年要写几篇文章，将多少时间用在项目的立项到完成上，相关的筹备工作从本月开始做起还是下个月。确定目标期限后，所有的工作都会走入正轨，时间的迫切性让他不敢有一丝一毫的放松。

在漫长的一生里，我们无法按时实现的目标并不少，主要是因为我们没有设定目标的实现期限。若我们一开始就设定了期限，又哪来的时间去怨天尤人、朝三暮四？我们只会充满斗志，激情四射。尽管我们的目标不一定会实现，但至少会缩短与目标的距离。

若我们没有目标，就如同没有方向的风筝，很容易在忙碌的生活中迷失方向，放松自己，为自己的放弃找理由，和自己说时间还很宽裕，一切都来得及。这样只会使目标离我们越来越远，实现的概率越来越小。

坤福之道

　　为目标定下截止日期，会给我们紧迫感，让我们在工作中有无尽的动力和高度集中的注意力，能够发挥我们的潜能。当养成了为目标设定期限的习惯，我们也就站在了成功的起跑线上。

在达成目标的道路上，我们要学会分解

长期以来，"理想远大"都被理解为褒义词。然而，过大的目标需要投入的时间、精力比较多，不但容易让人身心俱疲，而且还会产生放弃的念头。不少人之所以无法坚持到底，就是这个原因。许多时候不是困难打倒了我们，而是那过大过远难以实现的目标挫伤了我们的热情，使我们主动放弃。若是将大目标细分为多个小目标，逐一实现，我们体验到成功的喜悦后，就能够有更多的动力投入到下一个目标中去。

实现每一个小目标，都能够赋予自己更多的动力，激发自己实现大目标的斗志。好比有人说："三年之内，我要完成环球旅行的梦想。"这想法在我们看来根本做不到，世界那么大，三年的时间如何走得完？可是，这个人有详细的规划，先从七大洲的每个洲中选三四个国家游览，然后又从每个国家的传统文化城市中抽取 1~2 个作为旅游目的地，以此方式将整个游览线路确定下来。在此期间，他得到一家旅游杂志社的赞助，条件是他要定期撰写游记并拍摄相关的照片。如此一来，这个几乎不可能实现的目标就成功地细化成若干个小目标，并顺利地实现了。

★★★★★

杨力离开原来的公司后，进入上海一家化妆品公司，他的首个任务就是对公司新产品进行推销，而且销售额要求很高。刚入职的杨力不了解产品，也没有积累任何客户，对于他来说这个目标的实现概率几乎为零。

朋友都为杨力担心，新同事则笑话杨力不自量力。但杨力非常淡定，每天都到会场里认真听新同事分析，而非直接拿着合同去联系客户。经过一段时间的了解，杨力开始约谈客户，整天与不同的客户打交道，却一无所获。朋友开始向他伸出援手，问他是否需要帮助，但杨力一一谢绝。在工作结束的一个星期前，许多订单像雪花一样向杨力飘了过来。他成功完成了公司分配的销售额度，而且在公司的销售排名中拿到了第十的名次。

同事们都不明白杨力是如何做到的。杨力说，他先是细化了销售目标，然后就是有目的、有规划地完成。第一周，他在会场听报告，掌握向客户推销产品的技巧，下班后在家里自行练习。第二周，他尝试联系客户。通过与客户沟通、参加行业会议等方式使现有的客户资源得到进一步的扩充。第三周，按计划对最早一批客户进行回访，并利用这些客户的推介进行第二批客户的开发。第四周，跟进客户。在顺利完成这个任务后，他开始对销售的详细事宜进行分析。第五周，对客户心理有了充分的认识，从而顺利拿到了订单，实现了先前制定的小目标。

凭借着自身的能力，杨力在三年后成为公司副总，而且公司也开始全面推广他的工作方法。

★★★★★

杨力的成功很大程度上是因为他细化了销售任务这个大目标，将其分解成熟悉产品、接触客户、提高客户忠诚度以及掌握客户需求等小目标，并保证每个小目标都不会超出自己的可控范畴。上一个目标又是下一个目标极好的铺垫，所以每完成一个目标就离终极目标近了一点。如同我们上台阶，总得一步一个脚印，循序渐进，最终目标的实现就成了水到渠成的事。

成功不是偶然的，也不是一时三刻就可以做到的，而是需要远大的目标作为我们前进的指南针，使我们在时代的发展中能够坚定自己的理念，而非迷失自我。可以肯定的是，短期内很难实现长远目标，只有长时间坚持不懈才可以实现长远目标。在此期间，我们的斗志、热情一旦被消磨殆尽，就无法继续保持当初的激情和动力。但是，将大目标细分为若干个小目标后，我们不需要花费太多的时间就能够实现小目标，从中获得成就感，并继续为下一个小目标的实现而奋斗。这样长远目标的实现概率就越来越大了。

坤福之道

在实现目标的过程中采取对大目标进行细分的方法，可以完成很多看起来难度较大、难以实现的目标，防止工作期间产生倦怠感或消极情绪。

专注做好眼前的事，离成功越来越近

网络时代的到来，使我们被大量的信息淹没。为了能够掌握最新资讯，我们时不时翻看自己的微信，哪怕没有收到任何新通知也要去朋友圈浏览一番。人们的手机里单单聊天工具就不止两个，新闻客户端也不止三个，每小时收到的推送消息多达几十条。我们投入了许多的时间和精力翻阅这些信息后，在茶余饭后的交谈中固然能够多一点谈资，但到了次日，这些信息几乎都沦为无用的垃圾。

人的专注力是极其有限的，如果我们的大脑充斥着过多的网络信息，在工作中就容易出现分心的现象。根据伦敦某科研机构提供的调查报告可知，那些一边接听电话，一边收发电子邮件的人，智商会比只做一种工作降低 10%，那种状态就像一个正常人一夜不睡，第二天又继续上班一样。在我们现在的生活中，分心已成为一种常见的现象，专心做好一件事的难度较以往要大得多。

心理学家指出，个体的心理活动往指定的对象聚集，产生记忆或感知等心理过程的共同特征就是专注。对于普通人来说，专注是其唯一的心灵门户，其视觉和触觉等感知到的一切，都利用专注向我们大脑传达。

如果司机一边开车一边玩手机，不管他平日积累了多少驾驶经验，都不能改变容易发生事故的事实。如果司机的专注力集中于手机上，而非观察驾驶过程时，他将无法及时做出应急反应，在评估汽车行驶速度或分析路况时完全失去正常状态下的水准。在这种情况下，无论出现哪一种突发事件，司机都不可能及时做出反应。这样的道理在工作中也适用。

　　保安人员老韩和小唐在相同的小区工作。有着多年工作经验的老韩兢兢业业，注意力十分集中，在小区巡逻中有着极高的警惕性。工作年限较短的小唐追求潮流，注重个人的穿衣打扮，喜欢翻看手机，总怕错过有关信息。

　　一天晚上，老韩和小唐又开始一起在小区内巡逻。当时恰好是冬天，晚上没什么人，小唐认为小区很平静，不会发生什么事，随便溜达一圈就想回温暖的值班室。但是老韩似乎不觉得冷，围着小区巡逻了两遍后，开始对居民楼抽查起来。因为不好意思一个人回值班室，小唐唯有跟着老韩一起巡逻。

　　两人来到一幢居民楼下，坐电梯径直到达顶楼，随后沿着楼梯走下去。老韩也不说话，只是仔细观察各家各户的门口。心不在焉的小唐只能跟在他后面瞎转，他发现一些业主的门口堆满了年货，一派喜气洋洋的景象，也有一些业主在门口放置着鞋架。小唐正想着今年的新款鞋有哪些的时候，老韩突然说话了："过来看看!"小唐靠近一看，原来这一层所有业主的门口都被人标上了黑色的记号。老韩根据以往的经验，认为这是小偷踩点后做的标记。所以，他们第一时间报警了，并将警示标语贴满了整个小区。不久，隔壁小区就抓获了一个盗窃团伙，据说共有小偷三人。

论年龄、体力、精力，年轻的小唐都比年纪大的老韩好得多，然而他对工作的态度不够认真，玩忽职守，导致他的工作效果就差得多。没有专心巡逻、警惕性较高的老韩，单单依靠沉迷手机的小唐，是无法保障小区业主的生命安全和财产安全的。

专注并不容易。现如今，手机网络成为许多年轻人获取信息的一种工具，因此他们无法做到专注的理由更多了。实际上，在工作中我们越分心，工作效率就越低，越会草草了事，不但无法按时完成工作任务，而且还会降低成功的可能性。

当专注力成为不可多得的珍贵资源时，最受职场追捧的无疑就是专注力较好的人了。如果两个人的智力相当，则专注力高的人工作效率自然更高一些，可以针对问题迅速制定一系列的应对举措，提高成功的可能性。

专注力是可以通过努力取得的，我们可通过自己的意志力去克制分心、分神的行为，提高自己的专注力。倘若只是浑浑噩噩地生活，你就会错过生命中那些富于激情的瞬间；倘若只是庸庸碌碌地工作，你就会体不到做成一件大事后那种成功的喜悦。专注力能够帮助你更好地享受生活中的细节，更好地完成每项工作。你专注地做好眼前的事情，就离完成目标又近了一步。

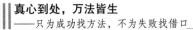

人们之所以一心多用，是为了能够在更短的时间内做好几件事，如登录不同的网页获得许多有用的资料。实际上，这种方法非但无法提高工作效率，让自己更顺利地完成工作任务，反而会提高出错率。

设定适合自己的目标，人生之路更明确

你是否想过，1年后、5年后或者10年后，你会在哪里？多数人都不会长期待在某一个地方，你必须为自己设定目标，然而这并不容易。不少人觉得许下遥不可及的梦想就是设定目标，若果真如此，我们将无法实现自己的目标。之所以出现这种情况，并非我们设定了错误的目标，而是设定的目标并不适合自己。然而，设定适合自己的目标要从哪里入手呢？

首先，了解自己，这是设定目标的先决条件，内容包括个人能力、兴趣等。我们日后的发展是以自身的能力为重要基础的，它会直接影响到个人职业发展前景，但现实中我们经常不能给予其应有的重视。

事实上，我们每个人都具备一般工作要求的基本能力，只是每个人都有每个人的专长，每个岗位或工作对能力的要求存在差异，我们应当选择那些可以充分发挥我们内在潜能的工作。兴趣是我们最容易感知的，也是最容易随着时间、环境等因素发生变化的。因此，在设定职业目标时，我们可适当放宽兴趣这个条件。

★ ★ ★ ★ ★

　　今年毕业的刘振同学在个人职业目标的设定中有很多困惑。他的专业是历史，但家人希望他去银行部门工作，原因是那里的福利待遇更好一些。读书时，刘振的成绩非常优异，出于兴趣选择了学历史，但是在求职过程中他发现，要想找到一份自己感兴趣的工作并不容易，因此他决定重新设定职业目标。

　　通过熟人的介绍，刘振进入一家银行实习，在这个过程中他发现自己并不讨厌银行的业务，做起来还觉得很有挑战，于是开始着手准备银行的考试。不久，他顺利考入了某银行。入职后，刘振保持着旺盛的热情，不断学习银行相关的知识，不久就升职成为部门经理。刘振的职业目标设定可以说是成功的，他兼顾了个人能力与兴趣两方面的因素，理性选择了适合自己的目标。

★ ★ ★ ★ ★

其次，分析环境。在初步选择了个人职业目标后，要结合外部环境因素对职业目标进行筛选。一般要考虑的外部环境因素包括整体社会环境、行业内部环境等。简单来说，在迅猛发展的现代社会，个人长期职业规划需要及时调整，要根据社会需求的变化丰富自己的能力，只有这样才能立于不败之地。此外，还要关注行业内部情况的发展。虽然行政、市场营销、人力资源以及财务管理等均能够跨行业，但长期专注于某一个领域，对我们自身的发展更有利。所以，为了保证我们设定的目标是对的，我们应积极留意行业内部的发展趋势。

　　王铭在某公司担任市场销售主任一职，工作快满10年了。生性活泼、待人接物大方得体的他，事事以客户为中心，工作上得心应手。然而，在最近一年的时间里，王铭总是很失落，因为他发现很多同学都集中于金融业，有着不菲的收入。这让王铭羡慕不已，他悄悄学习有关知识，为离职做准备。

　　五月，社会经济形势一片大好，王铭迅速离职，成为证券企业的一名员工。起初王铭的确拿到了可观的工资，然而这一年秋天，由于社会经济全面下滑，影响到公司的运转，王铭的薪水也越来越低。新公司本身的根基就比较浅，不久就面临经营危机。冬天，企业老板携款跑路，王铭一下子陷入危机当中。

王铭已经是职场老人了，虽然他对社会经济发展和行业整体

趋势特别留意，但是却无法精确地捕捉到里面的信息，由于盲目追求高薪而使自己完全失去了主动权。所以在职业目标的设定中，我们既要留意整体发展趋势，也要谨慎决策，工作经验再丰富，都必须小心再小心。

最后，设定首要职业目标与次要职业目标。在初步确定职业目标后，我们可对其进行适当的修正，确定一个首选目标与多个次要目标。首选目标代表了个人的最佳意愿，但其他目标也要结合现实情况认真对待。需要强调的是，任何职业都有发展瓶颈，可能来自技术方面，也可能来自个人能力方面，必须量力而行，切忌急功近利。

作为初入职场的菜鸟，在设定个人目标时应结合个人兴趣和能力。如果你在工作中如鱼得水，需要再次分析，我毕生追求是否就是当下的工作状态，倘若答案是肯定的，则我们要继续做到精益求精；倘若答案是否定的，我们需要分析日后的发展方向。

坤福之道

> 作为成熟的职场人，要清楚自己最缺少什么、最适合做什么以及拥有什么。只有对自己有深刻的认识，并设定合适的目标，才能够一步步走向成功。

拥有远大目标，更有机会成就辉煌人生

哈佛大学曾经针对一群个人能力、家庭背景以及文化学历几

乎一致的毕业生进行调查研究，发现没有目标的人为 27%，有明确短期目标的人为 10%，目标模糊的人为 60%，有清晰长期目标的人为 3%。20 年后跟踪调查结果显示，有长期目标的人成为业内精英，成就卓越；有短期目标的人是社会中层人士，经济富裕，以工程师、教师或者医生等职业为主；目标模糊的人仅仅可以解决温饱问题，多集中于社会中低层；没有目标的人，只会怨天尤人，没有正当职业，连基本的生活都得不到保障。

这充分说明，我们过得怎么样，很大程度上取决于我们当初定下了什么样的目标。过得不好的人几乎都是那些不设目标、随波逐流的人，他们对生活对工作没有任何规划，也无法认真做好每一件事。然后就是那些目标模糊、没有主见的人，他们常常被其他因素影响，意志薄弱。有短期目标的人没有长远的发展规划，安于现状，容易松懈。真正的人生赢家，是那些目标清晰而明确的人，他们排除万难，历尽艰辛，为实现个人梦想而努力拼搏。

★★★★★

20 世纪 90 年代，广东某重点大学的何立和谢俊同时毕业了，共同前往某大型国有电器厂应聘。虽然他们的工资只有 400 元一个月，但在当时已经算很高了，同学们好生羡慕。

何立在三个月后选择了辞职，只身前往上海继续攻读研究生学位，谢俊选择留下。转眼三年过去了，何立毕业了，大家都觉得他会选择高薪工作时，谁料他又前往一家电脑公司应聘，而且工资仅有 300 元。一直在电器厂工作的谢俊当时的薪水已提高到 600 元，足足是他的两倍。朋友们都认为何立选择错误，他日肯定会后悔的，没想到他却一笑而过。

一年后，何立凭着自己的硕士学位和一年从业经验前往新加坡的一家互联网企业求职，并得到录取，每月工资折合成人民币为 10000 元。当朋友们认为何立会安于现状不再折腾时，谁料他再次选择离职，先后在几家上市企业担任技术总监一职。不管什么样的客户，一旦产品遇到问题，他都会第一时间赶往现场处理并对产品进行优化，成为当地小有名气的人物。后来，他与一位同行一见如故，便当机立断，选择下海创业，并担任总裁一职。

此时，我国整体经济处于低迷状态，谢俊因为所在的工厂倒闭而被迫下岗，在将近 40 岁时不得不重新找工作，从头来过。尽管能够维持三餐温饱，可生活质量却是大打折扣。

同学们在许多年后再次相聚，为各自的境遇感慨不已。一开始，何立和谢俊处于同一个起跑线上，但何立早就定下创业的目标，所以他每天都带着积极向上的心态去工作。在数十年的时间里，何立的业务能力越来越强，经历了重点大学研究院的学习，国内国外的工作磨炼，从技术总监转变为企业总裁，他的动力和激情不减

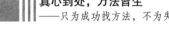

当年。尽管谢俊在工作中也是兢兢业业，人也聪明，然而他甘于平庸，安于现状，唯一的变化就是从这个工厂到另一个工厂，仅此而已。

和前文中的毕业生一样，何立和谢俊有着几乎相同的起点，最后的人生际遇之所以有此差异，是因为他们一开始设定的目标就有所不同。许多人不明白，为什么何立这么喜欢折腾，放着好好的日子不过？倘若我们总结何立的个人经历就能够明白，他早就知道自己要什么，然后有计划有目的地朝目标迈进。一个人能走多远，就取决于他所设定的目标。

为自己的职业制定一个目标，就像是为自己的未来画了一张路线图。倘若你画的路只有 1 米，说明你只想走 1 米，而非继续往前走，更不会为了让自己的事业更上一层楼而继续奋斗。若你希望走到 1000 米，你就会有更大的动力，走到 100 米的时候，你知道还要继续走 900 米才到终点，所以你不会满足于眼前的成绩，因为到达终点以前，你还有很长一段路要走。

坤福之道

现在我们几乎不存在温饱问题，在满足物质需求后，大家都开始追求精神需求。而实现个人精神需求的一种方式，就是确定自己的人生目标与职业发展目标。在目标设定方面，不同的人有不同的需求，达到的人生高度也不一样，能够创造辉煌人生的人，必定是那些拥有大抱负且目标长远的人。

参照个人实际情况，适时修改自己的目标

目标会照亮一个人的人生旅途，有目标的人生活、工作都会充满动力。确定目标后，还要学会心平气和地估量一下，这个目标是否真正适合自己。

"担任 CEO"可能是许多人的目标，追求这一目标的人多数是为了过上更好的物质生活，但我们首先要思考的是：个人价值观是否与这一目标相符。许多人都认为能够做到这一点就是成功，然而并非所有人都接受这一观点。因此，符合个人内心价值观是确定目标的先决条件。倘若你的目标与你心中所想背道而驰，那么就应当对目标做适当的调整。其次，要分析自己是否具备出任 CEO 的能力。若个人并不具备这一方面的能力，或其他条件不符合，也要对个人目标做适当的调整。不然，所定的目标就如同镜中花、水中月，不可能实现。

★★★★★

王钰从普通高校毕业后，进入上海一家金融公司。转眼八年过去了，他还是那个不起眼的业务员。和他一起入职的同事不少都晋升为经理了，只有他的事业毫无起色，每个人都认为他在混日子，觉得他没有职业目标，也没有好好规划自己的人生。一些热心的朋友主动为他献计，但他都是一笑而过，一点变化没有。

渐渐地朋友们才发现，虽然王钰的专业是金融，可他对这份工作毫无兴趣，只是迫于父母压力才进入金融公司。他喜欢唱歌，而且也会作曲，业余时间他常常去参加各种音乐比赛，在音乐圈里有一定的知名度。他认为，只需要按时完成自己的工作，有稳定的收入即可，对升职加薪不太重视。他在音乐方面有着明确的目标，他明白这个行业并没有自己想象的那么纯粹，但还是会利用业余时间作曲唱歌。他不打算靠音乐赚钱，也没有为了做一名专业歌手而主动辞职的想法，他只是希望自己成为优秀的业余歌手。

朋友们在无意中发现了台上正在唱歌的王钰，与办公室的样子差之甚远。沉醉在音乐世界里的王钰深情款款，很容易打动人，而办公室里的他总是一副木讷的表情。也许他的目标不是那么远大，但是确实是最适合他的。

★★★★★

其实王钰在开始工作时，内心一直非常痛苦，因为他按照父母的意愿，选择了金融工作，但是内心并不认可把当上公司经理作为目标。经过一番思想斗争后，他对人生目标进行了修改。他把工作当成是一种谋生的手段，而将唱歌作曲作为自己真正的人生目标，在两者之间得到了一种平衡。虽然他的职位一直得不到晋升，然而他的内心却非常平和。因为目标的修改，让他对目前的生活非常满意，幸福指数较高。也许他的生活目标与他人对成功的定义存在较大的差异，但从他的角度来看却是最合适的。

　　大学毕业后，金虹成为某品牌汽车 4S 店的一名销售员。然而，部门经理了解她的经历后，认为她更适合从事行政工作。金虹坚持要求留在销售岗位试一试，经理同意了。在工作一段时间后，金虹发现自己想象中的工作与现实有很大的出入。她觉得自己是一个活泼开朗、社交能力较强的人，然而与客户接触时却是问题不断。金虹有驾驶证，可驾驶能力比较差，陪客户试车时因为频频熄火，致使成功签单的概率比较低。

　　金虹不明白，做一名金牌销售员是自己的职业目标，而且个人能力也不差，怎么实现起来这么难呢？

　　其实，金虹忽略了一点，就是制定目标之前，要充分评估个人能力，从具体的实际出发，分析自己的能力是否和目标匹配，评价自己的能力是否能够消除现状和目标之间的距离。这样才有可能确定一个合理的目标，否则即使确定了目标，最终也会失败。依金虹现在的情况看，她需要修改自己的目标，参照个人的能力和特长，重新制定目标。

　　职场中的年轻人尤其要注意这一点，不能不顾实际情况，单凭自己的想象去追求一个目标。如果目标不切实际，或者和自身情况相差甚远，那么可想而知，这个目标是根本不可能达到的。为了一个不可能达到的目标费尽心思，等于是在浪费生命。这时，适时地修改目标就变得尤为重要。修改目标并不意味着意志不坚定或者善变，而是在认识自己内心和能力的过程中，通过尝试确立真正适合自己的新目标，更有效地促进个人的发展。

坤福之道

世界上没有相同的两片叶子，也没有一模一样的两个人。我们在制定目标的时候不能盲目跟风，不要把别人的成功作为自己的目标。我们应该根据自身特点，扬长避短，及时修改自己的目标，这样才能走上属于自己的成功之路。

第八章 制订阶段性计划，架起通向成功的桥梁

明确的目标能让人坚定必胜的决心，能够最大限度地激发人的潜能，能够唤醒人们心中沉睡的巨人。因此，我们一定要为自己设立一个非常远大的目标，并将其阶段化，这样你一定会不断地跨越一道道障碍，不断地取得成功。

制订完善的计划，才能踏实走好每一步

所有人都渴望成功，然而能够真正获得成功的人却是凤毛麟角。除了要为成功确立一个合理的目标之外，我们还需要制订一个完善的计划，这样才能踏实地走好每一步。

无论是国家还是个人，只有制订了工作计划，才可以有条不紊地开展各项事务，否则空有一个目标，却不知道如何行动，又或是行动起来无章可循，那就只能原地踏步，不可能取得大的提升。

对于一个成熟的企业来说，更要有一个完善的计划，这样公司的员工才可以有效地开展工作，而不至于杂乱无章、想一出是一出。许多企业在刚开始创业的时候，缺少一个长远的计划，只懂得盲目跟风，看到什么赚钱就做什么，所以处处落后，最终导致失败。

对于个人的发展来说也不例外，制订一个合理的计划有助于我们更有效地达到目的。即便人生的每一步不可能都按照我们制订的计划进行，我们仍然要为自己想做的事设计一个合理的流程，随波逐流将会让我们与成功擦肩而过。

～～～～～～～～～～～～～★★★★★

某跨国传媒公司聘请刘东林团队为其做一项改革规划。刘东林在传媒领域从基层干起，一点一点成长到管理层，对于企业经营的各个环节的工作都很熟悉。虽然是第一次做改革规划工作，可他对自己的实力和专业素养非常有信心。在该公司工作了一个月后，刘东林就向总裁提交了一份详尽的问题报告，对公司里当前存在的拖延滞后问题做了全面的总结。总裁看后十分满意，觉得报告中说的每一条都是切中要害。

在随后的三个月里，刘东林的头绪开始变得混乱起来。大公司里部门很多，每一个部门和其他的部门又有着错综复杂的关系，虽然刘东林可以直接和各部门负责人沟通，讨论具体的改革规划细节，但各部门却都放大自己的难处，百般推脱，对他的工作并不配合。总裁开始催促刘东林加快动作，而他却陷在各个部门设置的障碍中进退两难，最后不得不宣告自己的工作失败。

不久后许江团队接手了刘东林团队的工作。许江团队专门负责优化企业工作流程，他们根据之前调研发现的问题首先做出规划，自上而下分步骤进行统筹安排，很快就向总裁提交了一份初步的改革计划。借助这份改革计划，总裁的整体思路梳理得越发明晰，对公司日后发展方向有了更加明确的把握。在这个基础上，各部门负责人的每一次碰面都可以推动下一步的工作，从而使效率大大提高。

不久，在公司上层管理人员的协助下，许江团队很快就完成了最终的改革计划。两个月后，公司的各个部门开始逐步落实改革计划，并且最终实现了工作流程的简化，提高了工作效率。

许江团队和刘东林团队各有所长，一个是专门推动企业改革的专家团队，一个则是有多年媒体从业经验的精英组合，可最终工作的效果却是大不相同。造成这种结果的原因，就在于那一纸计划书。

刘东林的团队深入基层，把问题明确了，然而这只是改革工作的第一步，他们由于缺乏经验，最后陷入问题之中难以自拔；加之又没有制订出一个明确的工作计划，因此最终导致失败。而许江的团队却及时制订出一个计划，这样一来，原本千头万绪的工作变得有了头绪，然后再由相应的负责人去完善计划的细节，最后按照计划落实到位，从而圆满完成了任务。

工作中有了一个计划，可以让决策者更明确未来的发展方向，让普通员工知道自己在做什么。如同行军打仗一样，假如没有明确的作战计划，指哪打哪，后面的装备和物资跟不上，即使再强的将领也难逃失败的命运。

也许你听过这样的说法：情况瞬息万变，未来难以预测，我们只要随机应变、随遇而安就好了，何必耗费精力去制订一个根本没有什么用的计划？其实，这种看法是庸人之见，因为制订计划本身就是一种对未来进行预测的过程，要分析可能会发生什么事，又有哪些事情可能会出现变化。只有对不同的情况先做出相对全面的判断，才有可能制订出不同的应对方案。

那么，要是未来的情况有很多确定因素，我们就不用制订计划了吗？不是的，为了达到自己的目标，我们必须确定一个最好的方案。一个好的计划能够帮助我们提高行动效率，因为即使我们各方面情况都确定好了，但在细节上仍然要面临选择。例如，你确定了周末要去某个城市旅游，但具体的行程还需要做计划：是周五晚上出发，还是周六上午出发；打算去游览几处景点，按照什么顺序；准备在哪里住宿，这个地方既要经济实惠，还要考虑距离游览的地点较近……如果仅仅确定了行程，却没有对行程安排的细节制订一个完善的计划，那么这趟旅行可能不会太顺利。

坤福之道

> 一个完善的计划就如同盖楼房时的施工图，可以让我们的行动更加游刃有余，有利于节约时间和精力成本，减少不必要的损失，最终让我们达到预定的目标。

将目标阶段化，让我们的行动更加具体

设立一个阶段性目标，可以帮助我们在漫长的职业生涯中避免迷失方向，不忘初心。倘若空有一个长远的目标，被一些俗务琐事困扰，那就很有可能无法顾及这个大目标。如果我们确立一个明的阶段性目标，那么即使在纷繁的家庭和工作琐事中，我

们仍然会点燃继续前行的希望。

如果不设立阶段性目标，我们的人生就会像是一场无休无止的马拉松。尽管早已筋疲力尽，却每时每刻还要前进。有经验的马拉松选手，总会喜欢在沿途为自己设定一个个特殊的目标，作为一个个阶段完成的标志。它可能是一所红色屋顶的房子，也可能是一个大广告牌。当他们看到这些地标的时候，就会知道自己已经完成了多少，于是终点便显得没有那么遥远了。在我们的职业生涯中，采取这种方式减压是很有必要的，因为那种取得阶段性成功的成就感可以让我们带着更大的激情去进行下一步的工作。

小卓在大四的时候就立志毕业以后要当一名教师。对于大部分的女生而言，教师这份工作相对轻松，收入也稳定，还受人尊敬，而且没有职场上的那些竞争压力，确实很有吸引力。

为了实现自己的梦想，小卓将自己的目标拆分成了几个阶段，并对不同阶段分别确立了目标，然后逐一完成。经过一番打听，小卓了解到，想要成为一名教师，首先要去考取教师资格证。于是她花了三个月的时间复习，每天都在上完了自己本专业课程之后，又坚持去自习教育学和心理学等专业知识，练习试讲。经过一番刻苦的学习，小卓终于考取了教师资格证，达成了第一阶段的目标。

取得了教师资格证后，小卓更加自信，开始制定下一个阶段的目标：寻找实习的机会。功夫不负苦心人，一个月后，小卓去一所中学面试并顺利通过，成为一名实习教师。在实习的过程中，小卓旁听了许多老教师的课，学习他们的授课方式与技巧等，获得了许多宝贵的经验。同时小卓还走上讲台试讲，与学生进行了实际的接触，进一步掌握了做一位好老师的方法。最后，小卓耐心地等待学校的招考，最后如愿以偿，当上了自己家乡一所小学里的老师。

★★★★★

作为一个应届毕业生，小卓对自己的职业生涯做了十分合理的规划。当她确立了当老师的理想以后，就积极从各个相关的渠道获取信息，为自己设立了几个阶段性的目标。从考教师资格证到上岗实习，再到最后真正走上教师岗位，每一步的规划都相当明确。每实现一个阶段性目标，小卓都会受到极大的鼓舞，得以继续保持完成下一阶段目标的热情和动力。

制定阶段性目标不仅适用于求职的过程中，在职业生涯开始之后，同样需要一些阶段性目标来帮助我们明确前进的方向。如果小卓在入职以后，没有为自己制定下一个阶段的目标，那么结果很可能是浑浑噩噩地在学校年复一年地教学，学生来一批走一批，但自己却不会有什么很大的提升。但假如她根据自己现在从事的工作情况进一步制订计划，那么她就能够逐步提升自己，逐渐成长为一名优秀的教师。

例如，在刚走上教师岗位的前 1~3 年，努力提升自己的业务水平，对基本的知识点牢固掌握，能够胜任教学工作，成为一名受学生爱戴的教师；在入职 3~5 年后，成为学校里的优秀教师，确保自己带的班级成绩能够排名年级前列，开始准备评职称；在入职 5~10 年后成为骨干教师，进一步成为市级联考的命题组成员，评上更高的职称；等等。在职业生涯中，通过逐步确立这些阶段性目标，可以时刻提醒自己提高能力，避免在一种盲目的状态中使自己的才华逐渐被埋没。

阶段性目标有时甚至比长期目标更有意义。因为有的时候长期目标太虚，容易让人无所适从，并和日常生活脱节。而且在实现长期目标的漫长时间里，也非常容易让人产生挫败感，感觉目标无法实现，从而丧失最初的热情。阶段性目标因为时间较短，因此执行起来更有动力，而在完成之后的成就感，又能够激励我们继续完成下一阶段的目标，这样一来就形成了一个良性循环。

此外，阶段性目标比较灵活，我们随时可以根据自己生活和工作的状态进行及时修改，从而更能够适应瞬息万变的现代社会。

坤福之道

罗马不是一天建成的，所有人的成功都不可能是在短期之内完成的。当我们在面对一个长远的目标时，假如你真的想实现它，就要学会用科学的方法将目标阶段化，让我们的每一步行动都更加具体。

深思熟虑潜心钻研，制订高效的工作计划

"凡事预则立，不预则废"，这句话说的就是计划的重要性。无论是国家、企业，还是个体，都需要建立一个自身的目标，并且通过一系列行动达到目标，所以都离不开计划。

工作计划制订得合适与否，关系到目标能否实现。一份好的工作计划可以为我们指明前进的方向，很好地协调各个部门和各个方面的行动，还可以通过预测局势的变化，减少可能出现的负面冲击，避免不必要的损失。

对于在职场奋斗的打工人而言，只有做好各项准备工作，才能制订出一个好的工作计划。那么，到底如何才能制订出一份高效的工作计划呢？

首先，要做好前期的调研工作。工作计划的目的是执行，针对个人的工作计划还好说，对于那些针对某一个团队的工作计划来说，提前调研就更加重要。有些人可能会认为："我已经拿出工作计划了，执行是执行人员的事情，如果出问题也是执行人员自身的水平问题。"事实真是如此吗？

其实，执行跟工作计划关系很大，如果我们一开始就对现实情况一无所知，不去做足够的调查和了解，就会给后续的执行埋下隐患。换句话说，计划是否可以真正得到贯彻执行，不仅仅是执行人员的问题，也是制订计划的人的问题。因此，我们务必提

前对实际情况做一个深入的调查，然后再结合公司的现实情况制订出一个计划，这样这个计划才有可能被很好地执行。

除此之外，假如你制订了一项个人工作计划，那么在完成工作计划后，你一定要面对面地与主管沟通，尽量不要简简单单通过一封 E-mail 把工作计划发给主管。与主管进行面对面沟通的好处是，你可以通过他的动作和表情去判断他对你提出的工作计划的看法。而且你还可以当面与主管沟通你的中长期目标，比如希望在两年内从技术部门调到市场部门，或是希望自己在五年内能够提升为主管，等等，请领导针对你的这份工作计划给出建议。

其次，工作计划应包括四大要素，分别为工作内容、工作方法、工作分工和工作进度。工作内容不仅仅包括工作目标，还包括对职业相关技能的学习计划。一般来说，对于员工的自我学习提升，公司都会加以肯定和支持，有些公司甚至明确规定学习计划也是工作计划的一部分。学习计划里应该包含要学习的项目、学习的渠道和具体的时间，同时预估对自身的工作会产生什么样的效益，以及期望公司给予什么样的支持。此外，还应该把工作计划的目标与内容数字化、数量化、金额化，因为目标过于空泛是毫无意义的。

工作方法指的是明确具体的方法，旨在把即将实施的行动具体化。有了数字化的工作目标，还应该附带一个有效的执行计划。制订一份可行性较高的行动计划，一方面可以让你在落实目标的时候有据可依，另一方面还能让主管对你的工作计划给予充分的信任和支持。还有，假如你制订的是一个部门计划，那么做出明确的分工是十分必要的，每个任务的工作时间限制也必须明确。

再次，计划要合理，并具有挑战性。制订工作计划时切忌好高骛远，既要做到合理，又要具有挑战性。那么，怎样才能设定合理的计划呢？在制订计划的时候，大部分人想不到自己的缺点，建议可以请你的朋友、同事或上级帮你分析该计划是否过于理想化，自己存在的缺点是否避开。为什么计划要具有挑战性？因为主管肯定不愿意看见你所设定的目标很轻易就可以达到，而是希望你能在未来的工作上或学习上都能有所突破和提升。因此，避免好高骛远的同时，也要设定一个具有挑战性的计划。

最后，及时修订和调整计划，跟踪计划的完成情况。首先工作计划不可能定好以后就不修改，在例会上每个部门每月的工作计划都应该拿出来公开讨论，而个人的工作计划则应该放在小组内部进行分析。这样做的目的有两个：一是集思广益，让所有成员一起检验计划的可行性；二是由于每个部门的工作都难免会涉及与其他部门的沟通协作，通过这样的讨论可以取得上级领导的支持和其他部门的协作。其次，工作计划应该适时调整。当计划执行的过程中偏离或违背了我们的目标时，需要及时做出调整，不能为了计划而计划。再次，在工作计划的执行过程中，还应该经常跟踪和检查执行的情况与进度。一旦发现问题就及时解决，不能只是做所谓的方向和原则的管理，而不深入具体工作。最后，工作计划经过修订和完善后，应当随时追踪完成效果，一旦实施效果不理想，要及时调整改正。

坤福之道

一个高效能的工作计划可以让你更容易成功，然而制订这样的一个计划需要大量的前期调研、明确的目标确认、持续学习的毅力、坚持完成的决心和适时调整的灵活度。所有的这些都不可能短时间内就完成，需要我们在职场中潜心钻研和努力学习。

抓大放小，在关键问题上投入80%精力

20世纪初，意大利统计学家、经济学家维尔弗雷多·帕累托提出了一个重要的数学法则：二八法则。他指出：在任何特定的群体中，通常重要的因子只占少数，而不重要的因子则占多数，所以想要控制全局，只要能控制那些重要的少数因子即可。例如，80%的财富掌握在20%的人手中，80%的价值是由20%的员工创造的，80%的收入来自20%的商品，80%的利润来自20%的顾客，等等。

对于公司的领导而言，可以运用二八法则来对公司进行管理，首先要弄清楚公司在哪些方面是盈利的，哪些方面是亏损的，据此制定一套有利于公司成长的策略。其次，要搞清楚哪些部门创造了较高的利润，而哪些部门则业绩平平，哪些部门造成了严重的亏损，通过这样的比较分析，就不难发现那些起主要作用的因

素。对于公司那些少数的盈利项目，不妨给予更多的关注。

★★★★★

张华是山东一家药业公司的分公司经理，他入职以后从基层干起，一直进入总部的领导层，后来空降到分公司，成为独当一面的经理。到了分公司以后，张华觉得压力越来越大，因为总公司给他的业绩指标很多。张华事必躬亲，每项任务都亲自上阵，他不得不一再延长自己的工作时间，每天都是第一个到公司，最后一个离开。这种工作方式让张华不堪重负，疲惫不堪，分公司的效益却并没能得到改善，反而在最初的一个季度里下跌了15%。

日复一日的繁杂工作把张华搞得焦头烂额，不久他被领导召回总部述职。回到总部后，张华与总部领导交流自己最近遇到的问题。领导对他说："你现在的角色应该是决策者，不需要介入每一个项目的细节。你应该分清每个项目的分量，找出重点，不要把你的精力均匀分配在每个项目里。总公司出于总体规划的需要，平衡了各个分公司的利益，所以才安排这么多项目给你。你应该看到，几乎每一个分公司80%的盈利都是来自少数几个项目，也就是说在安排给你们的项目中，基本上只有两成左右是盈利的。你只要重点把握好这两成的项目，就可以完成八成的任务。剩下的那八成项目最终只占总盈利额的两成，并不是你工作的重点，完全可以把它们交给其他人负责。"

　　听完领导的这一番话，张华恍然大悟，回到分公司后立刻调整工作：他紧紧把握住公司的核心项目，和这些项目的主要负责人持续保持沟通；对于其他的项目，则大胆地放权让手下的负责人去做。结果，这些重点项目的完成情况都相当好，而其他的项目也因为充分地调动起了员工的积极性，得以顺利完成。在随后的两个季度中，张华的分公司完成了全年的业绩目标，而张华自己的工作时间比之前减少了许多，感觉轻松了不少。

　　"二八决策定律"告诉我们，作为一个团队的领导者，只需要抓住团队中的关键性问题进行决策即可。其实在很多成功人士的身上，我们或多或少都能找到一些二八法则的影子。一名优秀的 HR 会将 80% 的精力花费在 20% 的活跃员工身上，一位精明的总裁会将公司资源的 80% 投入到 20% 的重点项目上去，一个杰出的技术总监应该将 80% 的心思花在 20% 的事务上。

　　二八法则不仅仅适用于管理者，它同样适用于普通员工。在日常工作中，我们的身边不乏这样的情形：有些员工每天都十分辛苦地工作，但却没能得到预期的回报；还有另外一些人每天的工作都看上去十分轻松，但各项工作却开展得井井有条。其实，他们正是根据工作任务的重要程度划分了优先级，将 80% 的精力花在了解决重点工作上面，而对于其余那些不太重要的非紧急事务，只花 20% 的精力即可。最优秀的销售员同样如此，他们会将 80% 的精力放在 20% 的重要客户身上，他们最厉害的地方就是从庞大的客户群体中准确找出这 20% 的核心客户。

　　二八法则中最重要的一点就是从每日繁杂的工作中把 20% 的重点事务分离出来，并投入大部分的精力。而如何判断哪些事最重要，这个就需要我们拥有审时度势的洞察力以及时刻保持清醒的头脑。只要抓牢起主要作用的 20% 的问题，其他 80% 的问题就自然会迎刃而解。

从细节和基础做起，通过积累取得大胜

　　古人云："天下难事，必作于易；天下大事，必作于细。"积小胜为大胜，必须从小事做起，从细节和基础做起，专注于完成每一项微小的任务，通过逐步的积累，最终取得大的成果。企图通过一次性的努力就取得全面成功的想法是不现实的，因为成功都是通过点点滴滴的积累得到的。

　　哪怕你将目标定得再高，倘若不能从小处着手，都是好高骛远；缺少一步步的小累积，就无法踏实地走好职场路，注定只会落得失败的下场。任何一名优秀的销售员都是从每一个小客户开始做

起，积少成多，最终成为销售高手的。任何一个银行业务员都是从几万元的小额存款开始，集腋成裘，最终成为业绩冠军的。

尽小者大，慎微者著。浩瀚的海洋，是由微小的水滴汇集而成；燎原之势，源于星星之火。对于任何职业来说都是如此。

★★★★★

张哲已经在家里宅了三年，这三年来他并没有闲着，而是凭借自己的四部网络小说，成为某大型文学网站的签约作者。

张哲从大三的时候开始，就开始创作网络小说。一般的网络文学作者每天差不多会更新一万字左右。张哲尽管刚开始入行，却怀着极高的热情，不甘人后，他每天都会写上万字，完成基本量的创作。然而在第一个十万字的作品完成后，他的写作速度就开始减缓了，思路打不开，文字也没那么流畅了。在随后的创作中，张哲每更新一百字都殚精竭虑。这一段艰难的写作瓶颈期过去以后，张哲就更加珍惜自己的写作状态。

持续的写作有利于保持良好的创作状态，在三年的时间里，张哲没日没夜地写，只在一部作品完结的时候做简单的休整。从第一个十万字，到第一个一百万字，如今他已经累计写作了一千多万字，张哲这才得到了编辑的赏识，并得以签约。从拥有第一个读者开始，到现在已经积累了上百万的读者群，张哲的每一天都在努力不辍。

除了积累写作的数量，张哲还十分注意从小处开始提高作品的质量。以前张哲读书总是读过就罢，现在则是每读一本书都会写笔记卡片，将其中启发自己思路的细节记录下来，甚至连看电影的时候都会带上纸笔。正是通过这样一笔一笔地整理出的两千多张卡片，张哲小说的内容和质量都有了显著的提高。

在第一年的时候，张哲刚推出第一部小说，读者的数量只有一万多，读者给出的评价是"内容太水，节奏太慢"，张哲的生活也是入不敷出；到了第二年，张哲写出了第二部小说，读者数量开始接近十万，读者的反馈是"小说读起来很过瘾，一气呵成"，张哲的收入也开始有了好转；到了第三年，张哲的第三部小说受到读者的普遍好评，粉丝数量多达百万，收入也大大提高，已经远超普通的上班族。这其中每一步的艰辛，只有张哲自己知道。

张哲从一位默默无闻的写手，逐渐成长为小有名气的网络作家，从他的经历中我们可以看到聚沙成塔、聚少成多的力量。成为作家是个大目标，说起来轰轰烈烈，可是做起来却充满艰辛，而写出第一个一万字的作品则是个相对简单的小目标，可能只需要短短的几天就能够完成。

当我们遇到大问题很难突破的时候，不妨先从小问题入手；

当遇到理不清头绪的复杂问题时，不妨从简单的问题开始。每一个小的胜利，都可以激励我们向下一个难题进发，稳扎稳打，持续不断地翻越一个又一个目标，这样我们距离最终的大目标自然也就越来越近了。

有些人认为"小胜"不足以成为努力的动力，只有"大胜"才值得付出。其实不然，"小胜"往往比"大胜"更让我们觉得充实。例如，今年获得了一个升职加薪的机会，年终的奖金比往年多，或是在与一位新客户打交道的时候，得到了他的信任和衷心的赞美，这些都可以激励我们更加努力，不要因为这些胜利而膨胀，自以为达到了人生巅峰。

"小胜"的意义是让我们不断地努力积累，当我们积累了足够多的"小胜"之后，就会猛然发现，我们不知不觉已经成长为小有名气的作家、分公司的销售冠军、人脉丰富的HR、业务水平极高的技术总监等。到了那时，你会发现，原本你以为的"大胜"已经悄悄地来临了。

坤福之道

> 刚毕业的年轻人既没有钱也没有经验，更没有阅历和社会关系，不过这些都不是最重要的。没有钱，可以通过辛勤的劳动去赚取；没有经验，可以通过不断的实践操作去总结；没有阅历，可以一步一步地历练；没有社会关系，可以一点一点地去积累。最关键的是我们要有积少成多的毅力和意识。

职场是一场马拉松，而不是百米冲刺

现在由于消费主义和功利主义的盛行，整个社会都很浮躁，每个人都渴望获得成功。许多人的人生理想和人生趣味不知不觉地都被套上了"成功"的枷锁，追逐着、忙碌着，却又焦虑着、失落着，对成功的渴求已演变成一种普遍的社会焦虑。

学者不以"十年磨一剑"为荣，而是以"一年出一本书"为荣，因为只有这样才能更快地评职称、涨工资，从而获得传统意义上的"成功"。企业不以生产有创造性、能弥补市场空白的产品为荣，而是以赚快钱为荣，盲目地跟风、模仿，用假冒伪劣的山寨产品去蚕食别人的市场。年轻人不以沉下心来学习本领为荣，反而推崇一夜暴富，无数"少年得志"的案例令他们更加焦虑不安。

国内某大型报刊曾经做过一项调查，结果显示，受访者中有约93.3%的人认为当下年轻人普遍都有急于成功的心理。现代人不但希望自己能够获得成功，而且还希望可以尽快获得成功，因此产生了一种被称为"成功焦虑症"的不健康的心理。成功焦虑症指的是渴望"成功"，但又无法达到，从而出现焦虑、失眠、脾气暴躁，甚至免疫力每况愈下等状况。

★★★★★

　　赵宗伟是某广告公司的业务主管，现在他正面临着事业中最艰难的一段瓶颈期。赵宗伟入职这家公司已经是第六个年头，他从刚开始一个什么都不懂的职场菜鸟成长为如今的业务骨干，无论是创意、设计还是文案，每项工作他都得心应手。赵宗伟回想起自己刚刚入行的时候，满怀一腔热血，常常自觉加班到深夜，周末也时不时地到公司免费加班，从来没有一丝抱怨。从新人到骨干的这段时期，赵宗伟切切实实地感到自己收获满满，不仅业务水平突飞猛进，而且在与客户交流时也越来越应付自如。

不过，最近这两年赵宗伟特别焦虑。因为他所在的公司规模不大，工资水平偏低，仅凭这样一份微薄的薪水，要在这座城市买房无异于痴人说梦。想到日后的发展，赵宗伟更是忧心忡忡，因为在业务方面他已经没有太大的上升空间，即使是在公司内部转岗，今后的发展依然有限。可是如果去大公司就职，势必又要从基层干起，想想还是有些不甘心。假如跳槽去一家规模类似的小公司，又没有太大的意义。赵宗伟的内心十分渴望能够向上发展，不愿意就这样浑浑噩噩地混下去。

随着年龄增长，父母又开始打电话给赵宗伟催婚。可赵宗伟却认为，自己必须先具备一定的经济实力，然后才会去谈恋爱，否则根本连相亲这一关都过不去，于是他更加迫不及待地谋求升职加薪的机会。他在接待客户的时候，心里总想着让客户增加投入，失去了往常的耐心；在审核产品的时候，也不再精益求精，而是在心里希望快点完工、结项，以便继续进行下一个项目。久而久之，原来好不容易积攒起来的好口碑也丢掉了，客户越来越少，赵宗伟的事业非但没有提升，反而开始走下坡路了。

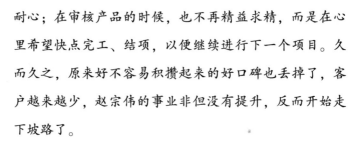

实际上，在职场中摸爬滚打了五六年后的年轻人最容易出现类似赵宗伟这样的情况。三年以内的职场新人在跳槽时往往无所顾忌，而工作十年左右的职场老手则会对自己和行业有更清醒的认识，不会轻易地变动。像赵宗伟这样30岁左右的年轻人已经完成了前期的上升阶段，来到了一个平台期，成功的焦虑会很强烈。在这个时候，急着想要获得成功的人，往往都是对自我有要求、积极主动有进取心的人。也正是由于他们对自己有进一步的要求，希望可以走得更高、更远，才会产生这样的焦虑。

职场如同马拉松赛场，谁都不可能自始至终都在发力冲刺，必然会经历高潮期和低潮期，这是再正常不过的现象。此时要注意调整好心态，积极应对，先完成手头的工作，再慢慢等待机遇。我们的目标是取得最后的成功，不必急在一时。像赵宗伟一样，因为"急"而丢了客户，只会适得其反，让自己现阶段的工作和收入更不理想，导致自己离最终的目标越来越远。

如今很多年轻人比较浮躁，比较急功近利。大家都信奉出名要趁早、赚钱要趁早、结婚要趁早、买房要趁早、升职要趁早……不管干什么都要趁早。总而言之，成功要趁早！网上甚至流传着这样一句话："如果到了30岁还没成功，你就没希望了！"然而，凡事都是过犹不及，太急于求成很可能是欲速则不达，适得其反。毕竟成功都需要积累和经验，需要耐心等待，需要细水长流，需要水滴石穿的毅力，那些一鸣惊人、一战成名、一夜暴富、一步登天之类的成功，实在是凤毛麟角。

成功太早的人，往往容易骄傲自满，故步自封，陶醉在鲜花美酒和掌声恭维之中无法自拔。因为太早成功的人，没有经历过长期奋斗的艰辛，没有遇到过失败的打击，不知道人生多艰，江湖险恶。也许凭着一点小聪明小智慧，暂时取得了一点小成绩，却始终难成大器。而且，如果只顾埋头苦干，心无旁骛地凭着一股蛮劲向前猛冲，对路边的美好风景视而不见，糊里糊涂地一路狂奔到了终点，但一路上经过了哪些名山大川、哪座古刹名园，统统毫无印象，岂不是太可惜了。

坤福之道

少数人的成功之路十分畅通，年纪轻轻就建功立业，令人羡慕。可是对于大多数人来说，成功之路却布满了荆棘，充满了艰辛坎坷，他们一路磕磕碰碰、跌跌撞撞、历尽艰难，等到了中年甚至老年才终成大业。每个人都应该根据自己的能力制订一份合理的工作计划和人生计划，一步一个脚印，稳扎稳打地走向成功。

第九章　养成有效思考的能力，
让自己走得更远

　　人的一切行动都是思想在指挥，所以做事不光
要用双手，还要用大脑思考。思考，绝对不是流于
主观、漫无边际、毫无章法地乱想，而应沿着一条
有序而科学的思维路线层层深入，探寻事物的本质
所在。

敢于打破条条框框，不要被已有的规则限制

在传统模式下，我们更多的时候是从一个固定的角度去观察和思考问题，尽管这样有助于提升解决同类问题的速度和能力，但是当遇到新问题的时候，我们就会无所适从，甚至会做出错误的选择。高速发展的现代社会要求我们勇于打破传统的思维模式，敢于独辟蹊径。

独辟蹊径听起来似乎很难，但并非遥不可及，其实我们每个人都拥有这种能力。只是在大部分时候，我们自身的经验、知识、思维定式和眼光等因素会在无形中限制我们的这种能力。只要我们敢于思考、善于思考，敢于打破条条框框，不被任何已有的规则束缚，就有打破常规的可能。

具体来讲，我们应该如何打破传统呢？其实并不难，无非是时时刻刻提醒自己"一切皆有可能"。就好像在十年前，如果有人说"想让计算机为我们做饭炒菜"，一定会有很多人认为他是痴人说梦。然而十年后的今天，工程师们打破传统思维，真的设计出了智能厨房。只要输入一句简单的指令，计算机就可以通过网络购买食材，然后按照事先设定好的程序进行烹饪，完成"煲汤"的任务。不得不说，在很多时候一些看似异想天开的想法很可能也是独辟蹊径之源。

～～～～～～～～～～～★★★★★

刘卓已经有十几年化妆品销售工作经验，现在在一

家公司当业务员。在十几年的时间里，他从新人做起，从一开始什么都不懂，逐步成长为公司的金牌销售员和业务骨干，如今他对各种化妆品的作用了如指掌。每年经他销售出去的化妆品，总金额超过百万。

最近一段时间，某化妆品的销量出现了下滑的趋势，公司的品牌经理召开了多次会议，也制订了十分详尽的销售计划，然而仍然没能挽回颓势。品牌经理最后只能来找刘卓，向他请教解决办法。

刘卓听完他的描述后，问他："为了增加销量，你现在采取了哪些措施？"

品牌经理说："我们增加了销售员的数量，并且给了零售商更低的价格，同时还在各种媒体大量投放广告，让顾客知道我们虽然是个新品牌，可质量是值得信赖的。"

刘卓又问："除了这些呢，还有没有别的？"

品牌经理又说："我们还为顾客免费发放了一大批试用装，希望顾客试用过以后，愿意购买我们的化妆品。在全国各大城市举办的展销会我们都去参加了，在会上我们也不遗余力地推广主打产品。"

刘卓笑了，说道："你所说的这些都是销售领域一些传统的方法，并没有什么特别之处啊。"

经理说："您有什么好办法，我愿意给您十万元的报酬。"

刘卓说："我可以告诉你一个妙招，你把现有的化妆品容器开口扩大 2 毫米就行了。"

经理听完以后如醍醐灌顶，回去后就立即和厂家取得联系，按照刘卓的主意更换包装。等到了年终的时候，销量果然有了显著的提高。

在这个例子中，刘卓的思维方式就是典型的独辟蹊径。想要增加销量，普通人总是在传统的促销手段上做文章。可刘卓却能够想到从产品包装上进行改变，加快产品消耗的速度，最终同样达到了提升销量的目的。

不管在什么时候，我们都应该想到打破传统模式，因为不管多好的经验也总会过时，就像高科技产品一样，今天还是"高、精、尖"，明天就可能沦为博物馆里的"古董"。所以，千万不要总是套用老经验。

不可否认，经验的确可以解决某些问题，但如果太相信经验，又难免会落进经验的陷阱而无法自拔。随着人生阅历的丰富，我们所看到的、听到的、感受到的、亲身经历的各种现象和事件，会慢慢进入我们的头脑中，逐渐形成思维定式。这虽然可以指引我们快速而有效地处理日常生活中的各种小问题，但也会让我们无法摆脱时间和空间所造成的局限性，始终在这个模式的框架内打转。

在职场这个复杂的环境里，千万不要死死抱着那些过去的经验不放。具有独辟蹊径思维的人与那些因循守旧的人有着明显的区别，他们长了一身的"反骨"。别人拿苹果纵着切，他偏偏要横着切，看看究竟有什么不同；别人告诉他"不听老人言，吃亏在眼前"，他偏不信邪，偏要自己试出一片新天地。许多年轻员工由于没有太多经验的束缚，反而拥有更多的想象力和创造力，他们敢想敢做，不受那些经验的条条框框限制，因此思维更自由，更容易走出一条新的路来。

独辟蹊径的人不愿固守传统，不愿盲从他人，凡事喜欢独立思考，有自己的观点。他们思想活跃，兴趣广泛，有强烈的好奇心，喜欢别出心裁和标新立异，经常能有出人意料的奇思妙想。

坤福之道

独辟蹊径是一个永不过时的话题，它并非少数几个天才的专利。只要你主动思考，积极求新，改变思维，突破定式，打破条条框框的限制，就一定能够进入一个全新空间，迸发出精彩的想法。

只有形成突破性思维，才能比别人更先进

突破性思维体现的是一种大智慧和大才能。一个人要想取得成功，首先应该有用突破性思维解决问题的能力。在日常的工作中，我们碰到的许多问题都不能用曾经的方法和经验去解决，顺势思维不可能解决所有问题。这个时候就需要我们打破常规的思

维方式，重新看待问题。

例如，现在零售业正处在一个"微利时代"，传统的方式更倾向于走平价路线，薄利多销，用价廉物美的商品去吸引消费者的眼球。门店基本都是平价超市或者微利店，主要是经营一些小型的日用百货，尽量从厂家直接进货，然后以最实惠的价格去吸引顾客，靠提高商品的销量而获利。

其实，与其一味地实施低价策略，不如运用突破性思维去重新规划门店，个性化商品店就是其中一个成功的例子。个性化概念可分为两种：一种是商品个性化，主要是抓住时下年轻人求变、求新的特点，提供一些独一无二的个性化商品，如服装定制、饰品设计等；另一种则是店铺的个性化，一间创意十足的店铺，可以让消费者产生认同感，比如海报店、魔贴店、动漫书店等，都可以提供具有独特创意的商品，以满足追求个人风格、品位的消费者的需求。

突破性思维不仅可以在生意场上带来巨大的利润空间，也可以为职场中的人们带来意想不到的收获。

★★★★★

刘强是一家五星级酒店的厨师。酒店对菜肴的要求很高，刘强花了将近一年的时间才完全掌握酒店里的各个招牌菜色。就在顾客越来越认可他的烹饪水平时，酒店的效益却开始下滑。刘强的能力虽然提高了，然而由于酒店整体效益的下滑，他的收入一点都没有增长。刘强想，如果我可以通过某种方法，增加来酒店的客人数量，那么我的收入不就上去了吗？

经过一番观察，刘强注意到，现在客人来酒店不仅仅是为了填饱肚子，凡是来五星级酒店消费的大部分顾客早就吃遍了大江南北，对几个主要菜系的招牌菜也都不陌生。在酒店里吃饭，如果所点的菜还都是些常见的菜，顾客就不会有什么新鲜感。考虑到当今社会大家普遍都十分关注饮食健康，于是他推出了一系列的绿色养生药膳菜，主打"不但要吃饱、吃好，还要吃出健康"的理念，提倡"药补不如食补"。

刘强不仅为顾客提供了各种常规的药膳，而且还为那些希望通过食疗调理身体状态的顾客量身打造饮食方案，并对食疗的效果进行跟踪，提供贴心服务，以此来吸引回头客。他的这一想法为酒店创造了一个新的收入来源，改善了经营状况，而他自己的薪水自然也是水涨船高。不久，刘强获得了升职，成为当地最年轻的五星级酒店主厨。

从刘强的故事中，我们可以看到突破性思维的巨大力量。具有突破性思维的人可以挽狂澜于既倒，做到这一点需要的是对时代的感悟，对客户的留心观察和求新求变的精神。刘强的成功就在于他做了一些别人想不到的事，而且这件事并不是毫无根据，而是建立在对市场和客户有充分把握的基础上。

我们在解决问题的过程中，往往会倾向于使用过去曾经成功过的方法和经验。这些经验无疑是一笔宝贵的财富，可以让我们快速地解决面前的问题。不过在步入信息社会后，事物越来越呈现出复杂性和不确定性，那些以往有效的方法就会慢慢开始表现出它们的局限性了。

"以不变应万变"常常会令自己陷入失败的困境里。就像刘强所在酒店的其他厨师，尽管他们早已熟练掌握了各种菜系经典菜肴的做法，但他们也只会做这几道菜，缺少自己的创新和突破。酒店效益下滑的问题是所有人面临的共同困境，但普通的厨师却仍然只懂得做好自己分内的工作，或者最多是再从传统的菜单中挑出几道较少见的菜增加到菜单里而已，却从来不会考虑使用全新的理念去解决这个问题。

我们成长过程中有时会被灌输这样一种思想，那就是不管做什么事，都要听话，按照长辈的要求去做，听从有经验的人的意见，因为这样可以让我们少走弯路、少受挫折。我们在日常生活中肯定都听到过这样一句话："不听老人言，吃亏在眼前。"

在现实生活中，假如我们可以很好地利用别人的经验，这当然是件好事，可以让我们避免多次的摸索尝试，节省大量的时间，从而提高效率。不过，我们也必须要看到，过于安稳的生活很可能会为自己的发展带来束缚，让我们失去尝试和探索新鲜事物的勇气和机会，最终阻碍我们的发展。所以，我们应该注意培养自己的突破性思维，并且运用这种思维去解决常规性问题，这样对我们在职场的发展大有好处。

坤福之道

> 我们在工作环境里遇到的问题虽然会有一些共同点，但那不可能只是简单的重复，而是会变得更复杂、更难解决。所以任何解决问题的方法都不可能是放之四海而皆准的，在寻求问题的解决方案时，不要过分依赖过去的经验。只有形成突破性思维，我们才能比别人捷足先登。

善于总结获取经验，助力我们快步迈向成功

对于每个职场人士来说，经验的积累是一件十分重要且必需的功课。在这个过程中，最重要的一个环节就是从大量信息中提炼、概括出一些可以复制的经验，并且利用它们妥善地解决问题。面对同样的信息，不同人从中得到的经验会有天壤之别，这既取决于职业态度的好坏，同时也是一种能力的体现。

★★★★★

孙志国毕业于某财经类高校，参加工作后进入了某股份制银行。在入职以后，孙志国十分注重向行里的那些前辈同事们学习一些相关的知识。尽管他在学校里学的就是金融专业，可他发现这些东西还远远不足以应付工作，于是他加倍努力地学习业务技能。

一开始，孙志国被分配到前台做柜员。银行里各式各

样的数据、条例和手续的办理方法相当复杂，孙志国拿着厚厚一本手册，跟读书时背单词一样一句一句地背，读了几个小时就开始头昏脑涨，感觉一头雾水。当第二天回忆起前一天背过的内容时，脑袋里更是一团乱麻。后来，他向一些有经验的老同事请教，才知道原来背条文是有技巧的。秘诀就是不能单纯把条文当成课文去背诵，而要用情境还原的办法，想象自己是在处理实际的问题，客户就在面前。这样就能记得更牢，而且不容易混淆。孙志国照着同事传授的经验去尝试，发现效果果然比死记硬背强得多。

半年后，孙志国被调离柜台岗位，成为一名客户经理，主要负责办理存贷款业务。在换岗的初期，孙志国感觉有点失落，因为他对之前的业务才刚熟悉，现在又要被调到一个完全陌生的领域。幸好在经理的鼓励下，孙志国还是开始了新业务的学习。

客户经理的工作就是跟客人沟通，不仅要熟悉基本的存贷款业务知识，还要有和人沟通的能力。孙志国初出茅庐，第一个月的业绩挂了零，因为内部的竞争相当激烈，他这次向同事请教并没有什么太大的收获。

孙志国又犯了愁，于是只好利用业余时间通过上网和读书去学习相关的知识，慢慢摸索总结出了一些规律，然后将这些规律应用在日常的工作中，果然取得了不错的效果。到了年底的时候，孙志国负责的客户投资规模

有了大幅提升，他本人也因此获得了升职加薪。

孙志国的经历充分体现了经验的重要性。职场上的精英人士都十分注重经验的积累，并且可以在这个过程中将无形的经验转化为有形的工作业绩。在职场上，衡量一个人价值的重要指标之一就是他的经验多少。所谓经验，说白了就是大量占有信息，在遇到问题的时候可以从自己所知道或者所经历的事情里寻找相似的片段，做出最有效、最合适的处理。

对每个职场人士而言，经验的积累都是重要而且必需的功课。从职业经历中挑选出适合自己的、对自己有利的部分沉淀下来，在这个过程中你最在意什么，它们以何种方式在你的职业发展过程中予以多大程度的体现，不同的人会给出不同的结论，不同的判断决定了办公室菜鸟和职场精英的差距。

我们要注意从丰富的工作经历中积累最核心的经验，因为只有这些经验中的精华才是最有效的。仁者见仁，智者见智，面对同样的信息，不同的人总结出来的经验很可能大相径庭。决定一个公关方案能够获得成功的因素究竟是奇思妙想，还是对市场的准确把握？一场备受好评的演讲，是由于演讲者气质不凡、口才出众，还是因为他在阐述过程中有针对性地谋篇布局、旁征博引？许多表面上看起来简单的东西，其实都值得我们深究。

不过更关键的是，要积累经验但不受制于经验，这才是职业发展的最高境界。大部分时候经验是我们攀登的"阶梯"，但有时也会成为我们前进的"绊脚石"。原因就在于，"经验"没有与时俱进。当今社会发展日新月异，对于职场人而言，唯一不变的就是"变"，经验同样也要随着我们发展的不同阶段和公司经营的变化而变化。"打破是为了更好地总结"，在必要的时候，我们要勇于突破经验，只有这样经验才能跟上时代的发展，才不会从"阶梯"变成"绊脚石"。

成功没有捷径，但如果站在前人的肩膀上，善于从他人的错误中吸取教训，我们就会少走一些弯路，避免重蹈覆辙。成功也是可以复制的，普通人不成功的原因主要在于不懂得去"复制"。心理学告诉我们，每个人的神经系统都是相同的，只不过我们每个人对自己的神经系统使用程度不一样而已。如果想要更快地获得成功，就要复制成功人士的思维模式和行为模式。

坤福之道

"三人行，必有我师"，这句古话就是告诉我们要善于从别人那里获得经验，而不是把所有的路都重新走一遍。就好比我们不需要自己环绕地球走一圈然后才知道地球是圆的，只需要从书上获知就可以了。将别人的教训变成自己的经验是一种便捷的成功方式，在有限的时间和空间内获得无限的经验，这就是最有效率的成功之法。

换个角度看问题，困难很快就会迎刃而解

"山重水复疑无路，柳暗花明又一村。"当职场中的我们身

处困境、感到绝望之时，如果可以换个角度看问题，往往会发现其实我们离摆脱困境的路口并不远，我们只是没有努力去寻找而已。

无论在什么时候，学会换个角度看问题都十分重要。我们在对待工作中的问题时，往往习惯于用一些常规和既定的方法去处理，然而当这些方法不起作用时，我们会感到无奈、郁闷，甚至绝望。在这个时候，如果能打破常规，换一个角度去考虑问题，寻找一个新的方案，或许问题就能迎刃而解。

河水的汛期不可抗拒，但人类可以迁徙；狼群出没无法预测，但羚羊可以奔跑；孔雀开屏，从正面看美不胜收，但如果绕到它的背后去看，看到的却是一个光秃秃的屁股。有的时候新思路并不会很清晰，它往往需要我们从一个新的角度去看待问题，进行深思熟虑。

★★★★★

某造纸厂的主任周超最近正为污水处理问题而发愁。工厂最近的效益不错，由于技术的提升和产品质量的提高，今年一下子签下了好几笔国际订单。但随之而来的问题就是排出的污水更多了，而污水处理这一方面的主要负责人正是周超。

从去年开始，老板就对周超的工作十分不满。周超引进了净化设备，修建了污水处理池，预算花了一大堆，但效果不佳，仍然达不到相关部门的要求。工厂因此而停业整改了一个月，造成了非常严重的后果，不但影响了企业形象，还导致了许多订单被延误。这次，周超决定增加几组机器分离污染物，确保最后排污的达标，但预算却不够了。

周超已经年过四十，以往在工作上一直游刃有余，但这次却感到力不从心。在一次同学聚会中，周超得知一位老同学在某化工厂负责采购，而他们采购的原料之一竟然就是造纸厂的主要排放物。周超如获至宝，立刻与这位老同学深入交流起来，将他遇到的问题和盘托出。老同学也认为这是个很好的机会，两人一拍即合，老同学将闲置的污染物分离设备送到周超的造纸厂，免费帮他们做污水处理，同时造纸厂还得到了一大笔出售原料的费用。

原本十分棘手的问题一下子得到了解决，从技术到设备都有了专业的支撑，老板这次对周超的工作相当满意。由于在污水处理问题上的出色表现，不久后周超就被提升为副厂长。

"横看成岭侧成峰，远近高低各不同。"很多事情只要换个角度看，就有可能得出不同甚至完全相反的结论。因此，职场的成就很多时候取决于我们是否能够换一个角度重新思考问题。周超的故事给我们一个很好的启示：没有绝对的垃圾，只有放错位置

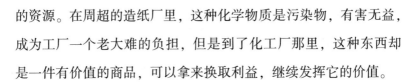
的资源。在周超的造纸厂里，这种化学物质是污染物，有害无益，成为工厂一个老大难的负担，但是到了化工厂那里，这种东西却是一件有价值的商品，可以拿来换取利益，继续发挥它的价值。

周超就是因为换了一个角度去处理问题，才把原本的垃圾变成了宝贝。但这也并不是凭空想出来的，只有了解技术和把握全局，才有可能从全新的角度看待这个问题。

一个问题之所以会让人感到难以解决，总有其特别的原因，而这些原因通常是长年累月造成的，短时间内是很难改变的。此时假如我们和问题都不改变的话，那结局也只能是走向死胡同里去。因此我们就不能坐以待毙，而是需要换个角度重新认识这个问题，寻找新的解决方法。换个角度看问题，有助于我们开阔视野、扩展工作思路，为自己带来新的机遇和人脉，带给自己更广阔的视野和完全不同的心境。

换个角度思考，会让人产生完全不同的心态，而不同的心态又关系着不同的利益主体，从而就会产生不一样的结果。同样是剩了半杯水，悲观者会说："唉，只剩半杯了！"乐观者却会说："哈，还有半杯啊！"半杯水，两种心境，就是由于他们看问题的角度不同。

当你在工作中遇到棘手的问题时，不妨换个角度去深入思考和分析，你就能坦然面对即将到来的考验，并从中学到平常学不到的知识和经验。

在许多时候，我们的苦难与烦恼都源于狭隘，你一旦跳出这种思维定式，或许就不会为眼前的不如意而苦恼了。面对同一种境遇，看问题的角度不同，会有完全不同的感受。如果我们能调整心情，以乐观的态度去面对困难和挫折，换个角度看人生，一定会有不一样的收获。

坤福之道

> 在职场中，不要总是通过狭小的"锐角"去看待一切，因为这样你一定会发现许多问题根本无法解决，你就会对所有事情都感到很悲观。换个角度看待事情，其实是一种突破和超越，而在这种超越之中往往就酝酿着成功。

时刻保持创新精神，避免被淘汰出局的命运

在思考中产生新的思路、新的方法和措施，从而产生新的工作效果，为企业带来良好的效益，这就是所谓的创新思维方法。创新能力的产生在于学习、实践，人们在不断认真努力工作的过程中，会逐步产生新的工作感悟，逐渐提升工作能力。

创新性思维对于任何一个企业和团队的发展都至关重要。假如一味地墨守成规，从短时间内来看，一个企业和团队会止步不前，而时间一长，更会发现已经远远落后。因此创新性思维显得格外重要，一个企业的发展依靠的是团队，只有高度协作、志在创新的团队才能走得更远、活得更久。所以，激发团队的创新创

造精神至关重要。

培养创新思维不仅是每个员工应该尝试去做的事，作为一名管理者也应该加倍重视。因为对于个体而言，是否有创新性思维，关系自己的发展空间；而一个团队是否能够创新，则关系着一家企业的生死存亡。

★★★★★

老钱在某文具开发公司担任人力资源部总监，他在招聘管培生的时候，就十分注重选择有创意的年轻人。在入职面试的时候，老钱通过问答环节和无领导小组讨论等方法，筛选出那些敢于打破常规的年轻人，鼓励他们发扬个性，展示自己最真实的一面。老钱对那些个性鲜明的员工给予极大的包容，特别是对那些具有创新精神的年轻人青睐有加。他希望打造出一支有创新思维的团队，为公司的发展制定和规划道路。

一个月后，他组织这些年轻人陆续到不同的部门去学习，希望他们可以了解公司里各个部门的流程、业务，发现各个部门的长处和短板。新入职员工最重视的是每周一次的经验分享会。在会上，老钱给每个年轻人一个充分表达和展示的机会，让他们和其他人分享一周以来在公司看到的和想到的，更重要的是，让他们指出各部门工作中存在的问题和不足，并为这些问题提出一个切实可行的解决方案。

在让大家畅所欲言之后，老钱将这些意见如实地记录下来。令人意想不到的是，老钱还将年轻人的这些建议发给各个部门负责人，敦促负责人落实整改。老钱的做法让团队成员感觉到自己的意见是被重视的，于是创新的积极性更高了。

有一次，有顾客投诉说该公司生产的笔芯在用到还剩一半的时候，笔珠就已经磨损到无法再使用了。圆珠笔生产部经过调查发现，顾客投诉的问题确实存在，于是开始研究如何制造更加耐用的笔珠。笔珠的生产其实是一项十分精细的工作，想要提高质量，需要投入大量的资金去研制新品，但圆珠笔本身是件低利润的易耗品，因此公司并不同意投入太多的资金进行生产研发，导致生产部的工作难以推进。

老钱的管培生团队在每周分享会上就这个问题进行了讨论，随后提交给了生产部一个建议："将笔芯内的笔油减少一半。"这个建议跳出了解决问题的常规思维，从一个创新的角度提供了解决之道，为公司节约了大量资源，最后获得公司的采纳，并取得了显著成效。从此以后，老钱和他的团队也日益受到大家的尊重。

老钱是创意团队的管理者，他站在决策层的高度，为培养创意性思维团队做出了一个良好的示范。如果你希望自己的团队是一个富有创意和激情的团队，那么你从选择员工时起就要朝着这

个目标努力。要优先选择那些认同创新观点的人加入你的团队，随后通过各种方法从这些人里找出具有创新潜质的员工。还要通过多元化的途径培养他们的创新思维，例如多部门的体验调研、每周的分享会等，这些都是激发他们创新潜能的好方法。此外，还需要及时给他们的建议以反馈，让他们感觉到自己的想法是被尊重的。养兵千日，用兵一时，团队能够用创新性思维解决问题，就是最大的成功。

创新性思维旨在让才华和智慧在一个合适的时空里得到完美的释放，从而创造出一个良好的效果。成功者并非一味模仿，而是在汲取前人经验的基础上，创造出新的经验。对于习惯于从过去的经验中学习的人而言，创新是件艰难的事。新的游戏规则应该是，向"未来的经验"学习，想象你未曾体验过的东西，然后从中学习。去梦想未来的事物，在心里描述他们，往往会从中诞生跳跃的灵感。

坤福之道

> 假如一个人缺乏时时更新自我的创新精神，缺乏创造力，那么他就难以摆脱被淘汰出局的命运。假如一个团队缺乏创新思维，那么它也无法长久发展。

善于"多想一步"，职场之路才能走得更远

在职场中，有的人认为成功需要有很高的学历，有的人认为

成功需要出众的才华，还有人认为成功需要早出晚归，或是需要殚精竭虑的努力。其实，成功往往只不过是"灵光一现"，比别人多想一步而已。对我们要完成的每一项工作或是即将接触的新项目，如果可以多花一点心思，比别人多想一步，那么我们成功的可能性就会大大增加了。

★★★★★

　　小刘和小孙同在一家公司做跟单员。两人都刚刚入职不久，在公司里都是打打下手，加上两人的身材相差无几，所以有些同事常常把两人搞混。没想到仅仅过了半年，小孙就被提拔当了总经理助理，这让公司所有的同事都大跌眼镜：没想到这个平时话不多的年轻人居然这么厉害！同事纷纷猜测：小孙的升职可能是因为和公司高层领导有裙带关系。

　　事实上，小孙的成功起源于茶水间的一次闲聊。某天中午，小刘和小孙两人都在茶水间吸烟，听到一位同事抱怨道："唉……我买的股票已经连续跌了几个月了，一开始我还以为只是稍微跌一点，很快又会涨回去的，没想到这次跌起来就停不下来了。"另一位同事也跟着叹气："可不是吗？我刚买了五万块的基金就开始跌！我买基金本以为可以赚点钱，凑个房子首付，现在可好，我连本钱都亏进去了！"

　　小刘和小孙听后相视一笑，走出了茶水间。两人都是刚刚参加工作，都没有闲钱做投资。小刘想，炒股投资真的是跟我一点关系都没有，等我以后有了存款了再说吧。

但小孙却把这件小事记在了心里，他觉得很有价值，于是进一步上网搜集资料，了解股票和基金的相关知识，再对比自己的业务单据，展开了思考和联想。然后他每天都用心整理大盘的情况，与公司业务数据进行对比。

三个月后，小孙提交了一份报告，说明了未来外部经济环境可能出现的变化，并建议公司及早开拓内销市场，还对新订单的方向进行了具体规划。小孙的这一份报告提供了大量翔实的数据，相当有说服力，其中对于公司战略地位也分析得非常到位，尽管有些地方还不够成熟，但是总体而言非常切合实际。总经理读完这份报告后，对小孙勤于思考的认真态度非常欣赏，不久后便提升他做了总经理助理。而与他同时入职的小刘，却因为不善于思考，仍然做着跟单员的工作。

★★★★★

小孙和小刘的故事给我们一个启发，即那些在职场上取得成就的人，能力并不一定比别人强多少，很多时候他们只是更留心、更善于比别人多想一步而已。同样是听到了同事的闲聊，小刘觉得这件事情与自己无关，于是听完就算了，并没有放在心上。但小孙却从中察觉到了某种关联，然后下功夫，找联系，写报告，为公司的未来出谋划策，仅仅半年后职位就得到了提升。正是由于小孙比小刘多想了这一步，他们的人生轨迹就开始发生变化，相信善于"多想一步"的能力，会让小孙在职场上走得更远。

那么，怎样才能做到"多想一步"呢？

首先，要捕捉每一个灵感。因为灵感往往稍纵即逝，假如不能迅速捕捉住，就会失去一个进步的大好机会。当你灵光一闪，有个不错的想法时，不妨立即用手机记事本记录下来。等到时间充裕的时候，再仔细思考，将自己的灵感变成改进工作方法的跳板。

其次，要勇于接受挑战。当人处在逆境的时候，思维通常会加倍敏捷。因此年轻人在面对职场的挑战时不要恐惧，也不要退缩，要紧紧抓住这个锻炼思维能力的大好时机。

再次，要多读书。读书可以增长知识，知识面越广，思维也就越活跃。知识是思维活动必需的基础。读书越多，联想力就会越丰富，逻辑推理能力也就会越强，这样也就有了比竞争对手"多想一步"的能力。

坤福之道

> "多想一步"并非凡事都乱联系，而是要从实际情况出发，将我们听到看到的现象和工作中出现的问题联系起来，进行一番严密的论证，然后得出一定的结论。那些"多想一步"的员工责任感更强，所以能够主动去思考和解决问题，其职场之路必然会比其他人走得更顺利。

培养逻辑思维能力，为自己找到最适合的路

★★★★★

罗克是某公司的人力资源部经理，他的工作是招聘和安置员工。在职业生涯中，他接触过数千人。罗克曾经说过一句话，让人印象非常深刻。他说："这个世界上最大的悲剧就是，许多年轻人从来没有弄清自己真正想做什么。假如一个人只是想从他的工作中获取薪水，而在其他方面却没有任何收获，这是件挺可悲的事。"

在面试新员工的时候，罗克经常遇到一些大学毕业生带着学位证书来求职，他们张口就说："我获得了某某大学的学位，你们公司有没有什么职位适合我？"罗克觉得，这些求职者根本不知道自己能做什么和自己想要的是什么，因此他们往往一开始一腔豪情壮志，对未来满怀憧憬，但到了45岁以后还是一事无成，整天闷闷不乐。

杰森是某公司的中层管理者，45岁的他能够爬到这个位置，已经别无所求了。其实在他年轻的时候，曾经有过一些不错的晋升机会，但他都错过了。其中的原因说起来令人难以置信，居然是因为当时的他对工作没有兴趣。

　　杰森想做什么，连他自己也不知道。他只想找一个可以养家糊口的工作，每天上班工作，下班回家就坐在电视机前，吃着爆米花，看看球赛，这样的生活他就觉得很满意了。他的业绩在公司里排名一直垫底，他也不是不用心，但工作效率就是不高，他也不知道是什么原因。他在40岁的时候，才勉强晋升到了现在的岗位。在许多人看来，这只不过是公司领导照顾他而已，毕竟他之前在基层的岗位上已经摸爬滚打了20多年。

　　其实，在我们身边像杰森这样的人比比皆是，他们不知道自己内心真正想要的是什么，整天浑浑噩噩地混着日子。他们白天对自己的工作敷衍了事，为了弥补白天的失职晚上又必须浪费更多的精力，于是第二天又没有足够的精力去应付当天的工作，就这样周而复始，恶性循环，做着一份仅能糊口的工作，却看不到未来，精神饱受折磨。他们的青春年华就这样日复一日地虚度着，直到职业生涯的终点，他们也始终没能从工作中收获哪怕是一丁点的快乐。

　　杰森们的一个重要特点就是，他们没有从事自己理想中的工作，对当前正在从事的工作提不起兴趣。这样的人往往不思进取，安于现状；精神空虚，没有理想；工作效率低下，没有成就感；对未来没有完整的职业规划。

沃顿商学院曾经做过一项调查，结果显示在从事自己感兴趣的工作的人当中，有82%的人由于对工作感兴趣而得以充分发挥自己的优势，从而取得了成功；而在那些只为糊口而工作的人当中，有72%由于不知道自己感兴趣的职业是什么，不了解自己的专长，才一直做着自己不喜欢也不擅长的工作，导致自己在工作中经常郁郁寡欢，无法充分发挥自己的优势，在职场上乏善可陈。

那么，为什么有些人不能从事自己感兴趣的工作呢？

从根源上看，这是因为他们没有理清头绪，他们在看问题的时候，缺少逻辑思维能力。在人生和职业生涯规划问题上，逻辑思维能力至关重要。像杰森这类人，如果有逻辑思维的能力，他就可以对自己职业生涯失败的表象下隐藏的根源进行深究。通常只要经过调查就会发现，这种人失败的根源在于他们缺乏对自我的深入认知；对自己没有足够的信心，内心深处总觉得自己没有什么突出的地方；容易受到外界的干扰和压力，无法真正从内心去了解自己。

在找到了根源之后，我们进一步就要这样想："自己有什么样的特长呢？"

每个人都有自己的强项，许多人之所以无法发挥自己的强项，是因为他们总喜欢拿自己的短板去和别人的强项对比，结果最后发现自己并不突出，因此就认为自己并没有什么长处。其实他们应该从自己众多的技能中，挑选出一项自己最擅长的，然后予以重点培养和发挥。

当确定了自己喜欢和擅长什么工作之后，你或许会认为自己只要选择它就会成功了，但成功的逻辑并非如此。在这一步之后，还有更重要的事情要做，那就是找到自己和成功之间的联系。

做自己想做的工作有多大的可能会成功？这个问题其实与职场需要有关。我们在这个问题上延续逻辑思考的线索：首先，回答自己想做什么。这个问题指的是你的兴趣爱好，在目前你所了解到的所有职业中，你要从中找出那些你十分乐意从事的工作。其次，回答自己能做什么。因为你喜欢的工作，未必是你有能力去胜任的，特别是对于没有工作经验的人来说，能力常常与工作需求不匹配，所以你必须对自己目前的能力有个客观的判断，并选择自己可以胜任的工作。

最后还要回答职场要什么。这是重中之重。不同的时代、不同的地域，所对应的岗位需求也是有差异的。想要获得成功，你就必须要深入了解市场需求，尽量不要去做那些脱离实际的工作。

坤福之道

对于大多数职场人来说，现实和理想还是存在很大差距的，成功职场人的共同特点是通过逻辑思考，为自己找到一条最适合的道路。在这条道路上有个人的兴趣，有成就感，有职场需要。只要沿着这条道路走下去，你就会发现，成功就在前方。

第十章　再忍耐一下，
终会守得云开见月明

　　对于但凡做出一些成就的人来说，他们必定会经受磨难，吃尽苦头，然后才能等到出头之日。有时候，为了完成自己心中的理想，他们可能会寄人篱下，甚至遭人白眼，受人讽刺，但他们都忍耐了过来。实际上他们明白，他们最终会有守得云开见月明的一天，到那时，自己以前所受的所有苦难都是值得的，因为它们已经凝结成了耀眼的成功光环。

面对黑暗沉住气，终能等到朝霞满天

对于职场人而言，"沉住气"就是能够冷静地面对工作现状；所谓"成大器"，就是成为能在单位里、岗位上担当重任的人。

其实，普通人与成大器之人除了在勤奋、天资、机遇等方面存在着差异之外，面对人生种种际遇，能否沉住气，也是二者的一个重要区别。很多职场上的成功人士在走向人生辉煌之前，都有沉着面对现实、长期奋斗的经历。

如此看来，沉住气者，方能成大器。

但是对于20多岁的年轻人来说，急躁似乎是他们的通病，他们总是迫不及待地想要取得成功，不愿意沉下心来好好做一件事，更不愿意为一份工作付出时间和心血。他们一边感叹着"怀才不遇"，一边又鄙视自己所从事的工作，总梦想着成功的光环一下子罩在自己头上。

事实上，成功就像盖楼一样，只有基础打牢了，才能拔地而起。人世间没有一蹴而就的成功，成功最大的忌讳就是急功近利，任何人都只有通过不断的努力才能凝聚起改变自身命运的爆发力。

沉住气才能成大器，并非是老人嘴里的大道理，而是对任何职场人来说都适用的生存智慧，是在这个钢筋混凝土组成的现代社会中必须遵守的"丛林法则"。面对世间百态，我们必须能够压住自己内心的不平、消沉和躁动。

　　王朝省毕业于上海某重点大学，之后到某大型电器品牌公司任职。满怀抱负的王朝省开始工作后，发现公司给他安排的竟是在门户网站推广企业形象的工作。这项工作不但简单，而且非常琐碎，每天都要花几个小时的时间做重复性工作，而王朝省一干就是十个月。

　　在这十个月里，王朝省根本无法去跟别人谈论自己的远大理想，也没办法在程式化的推广中施展他的才智和抱负，从重点大学的抢手毕业生到做机械重复工作的小职员，他第一次感受到了人生巨大的落差。

　　在这种情况下，20多岁年轻气盛的人很少会留下来，但王朝省留了下来。他很快意识到这也正是磨炼自己意志的绝佳机会。这段时间，王朝省利用业余时间潜心读了很多书，为他后来的工作打下了基础。

　　十个月之后，机会来了。公司下属的一家企业有个管培生的机会，王朝省凭借十个月的坚持和积累得到了这个机会。他本身就拥有出色的战略眼光，而寂寞的锤炼让他克服了一般年轻人好高骛远、眼高手低的缺陷。在这家企业，他提出了一系列改革措施，并开始形成自己独特的管理风格。不久，王朝省被直接晋升为董事长兼总裁秘书。

王朝省没有放弃那份让他"屈才"的工作，沉住了气，从而

有了后来的辉煌。这一秒沉得住气，那么下一秒就会有希望。古往今来，无数成大事者都不是一帆风顺的，都经历过艰难曲折。没有人能够一辈子交好运，也没有人一入职场就有远大前程等着他，每个人都不可能随随便便就成功。失败、打击、痛苦是成功前必须要经历和承受的磨难。在面对黑暗的时候只有沉住气，才能等到朝霞满天的那一刻。

有句话说得好："如果你想出人头地，你要耐得住寂寞，更要沉得住气，因为成功的辉煌就隐藏在寂寞的背后。"很多时候，那些看似光彩照人的景象背后却隐藏着无尽的艰苦。

欲成大事，就要耐得住寂寞、沉得住气，这是基本功。但沉得住气并不是消极的淡泊名利，而是在别人不知晓的情况下，始终保持积极向上的心态，努力进取，奋发图强。就像王朝省一样，在觉得工作并不能够让自己充分展现才华的时候，学会韬光养晦。

做事不容易，做成大事更不容易。对于年轻人来说，谁不想"三十而立"，拥有自己的事业？但在成功的道路上，又有几个人能沉得住气呢？只有那些勇敢地承担并默默奋斗的人，才有力量使他的天赋和才智不被日常的琐事和平庸所吞噬，反而因磨炼变得愈发强大，并获得最后的成功。

坤福之道

一个人不管在低谷还是在山顶，要想始终如一沉住气，就要不断加强修养，锤炼意志，做到身处逆境不气馁，取得成绩不自满，面对诱惑不心动，只有这样才可能有作为、成大器。

保持理性与克制，这样才能离成功越来越近

很多人都知道，成功靠的是持之以恒的努力。怎么才能够做到持之以恒呢？其实持之以恒的奥秘就在于克制。克制可以理解为平衡当下快乐和未来收益的能力。如果缺乏克制自我的能力，不能控制自己的惰性，被情绪轻易支配，就容易透支未来收益，享受不到更长久的成功。

成功者的特质更多地体现在对自己各个方面的管理上。身为职场人，我们最应该克制的就是工作时候的惰性、急功近利的急躁和莫名而起的愤怒。

一个职场上的成功者，首先应该懂得克制自己的惰性。职场如战场，一分一秒都是非常重要的，但是往往有的人在工作的时候会有一种惰性。在上班的前半部分什么都不做或者是做得很少，等快到下班的时间了，才火急火燎地工作。这种职场惰性在现代生活中是非常常见的，特别是在一些比较轻松的工作环境中，人们很容易产生这种心理。

★★★★★

尚明在一家设计公司已经工作三年了，因为只承接简单的海报设计工作，所以非常熟练，可是最近他却频频加班。倒不是因为工作任务增加了，而是由于他每次都要把工作拖到最后一刻才开始做。家人埋怨尚明每

次回家很晚，相处时间太少；客户埋怨尚明每次都交工不及时，要催很多次才能拿到产品；老板则不满尚明工作效率低，手头总有没做完的工作。尚明本来是个工作经验丰富的人，却落得个多方面不讨好的下场，都是自己有了惰性，又没有及时克制的缘故。

其实，克制自己的惰性很简单，我们可以通过很多方法来督促自己变得勤奋起来。比如，为事情制定时间期限，一个小时或者三天，这样将会更容易决定继续做这件事情；为自己制造紧迫感，这是最有效的抵抗懒惰的方法之一；为自己制定奖励，当完成任务时可以允许自己去吃爱吃的大餐或者奖励自己去看电影；最有效的方法就是下定决心减少空闲时间，试着尽量保持一种总在做事情的状态。如果你有这样的想法，克服懒惰将会更加容易。另外如果被任务的规模吓倒，那么就会产生懒惰，这时可把任务分解成便于管理的小块，然后一个一个地完成。

我们还要学习克制自己的急躁。"一万年太久，只争朝夕"，这句话激发了很多中国人的斗志和干劲，可随着时间推移，一些人开始曲解它的意思。如今的我们越来越着急、越来越怕"等"。看电影要按"快进"，看网页狂点"刷新"，发微博要抢"沙发"，寄信要快递送达，拍照要立等可取，做事最好是名利双收，创业最好能一夜暴富……

好像急躁不耐烦，成了一种社会普遍心态。有句话叫"欲速则不达"，意思是凡事都要循序渐进，一味图快，反而达不到目的。有了量变才会有质变，万不可焦躁，如果做事一味追求速度，反其道而行之，结果反而会离目标更远。这句话对职场人同样适用，我们只有摆脱了速成心理，一步步地积极努力，步步为营，才能达到自己的目的。

★★★★★

　　沈景在公司工作六年了，突然被派到外地的分公司担任部门经理，他又喜又忧。喜的是终于得到重用，忧的是自己对分公司的情况并不了解。沈景到达分公司后，心里还是有点毛躁，总想马上做点事，树立自己在下属中的威信。但是，他还是耐住性子，进行了前期的调查。沈景详细考察当前的部门情况，掌握大量的第一手资料，作为自己下一步开发项目的基础。之后，沈景经过深思熟虑，形成完善的方案。半年后，经过周密的准备工作，沈景带领他的团队按照方案，认认真真地做了实施工作。最后的效果皆大欢喜，沈景完成了这次任务，之后长期留在分公司做了主管。

★★★★★

　　从沈景身上，我们看到，正是由于他克制了自己的急躁心理，所以最后才能获得成功。可见，只有每一步都做得充分到位，一个项目才可能成功，才能创造效益。反之，不做足功夫就迫不及待地盲目上马，且不要说创造效益，本钱能不能保住都是个问题。

平时我们看到一些人急于求成的时候，总是以"欲速则不达"这句话来相告。但真要去接受这句话却不是一件容易的事情。很多人把别人所说的当作耳边风，行事依然是我行我"速"，最后只能导致失败。

最后，我们还要学会克制愤怒。公司不好、企业文化糟糕、管理不善、钱太少、老板抠门、同事红眼、下属不听话……在职场上，我们不难发现，导致愤怒的根源实在是太多了。

　　下午5点。"杨民，这些资料我明天要，你整理一下啊。对了，干完早点下班啊！"老板笑眯眯地将一堆资料拍到杨民的桌子上以后，匆匆下班了。

　　杨民顿时怒火中烧。"公司5点半下班，现在给这些资料让我弄摆明是让我加班。早干什么去了，为什么总是在下班前派工作来！这已经是这周的第三次了。加班又没有加班费，这日子没法过了！"杨民真想拍桌子大喊一声，"大爷不干了！"

　　可是想到还有房贷要供，杨民只好坐下来，脸色阴郁地开始干活。他本来跟朋友约好晚上出去好好放松一下，再次"突遭"加班，心情无比烦躁，工作效率可想而知，一直折腾到晚上10点多才回家。

杨民因为无法克制愤怒的情绪，导致工作效率下降，加班时间也变长了。其实身在职场，我们难免遇到类似问题。如果我们不能够及时化解，只会让自己的生活一团糟。

所以，即使感到不公平、不满、委屈，也应当尽量先使自己冷静下来。如果你是一个易于发怒却不善控制的人，那么不妨为自己准备一本愤怒日记，记录下发怒的原因，发怒时的状态，并在心情平静的时候做一个小结，这样就会了解什么事情会引起你的愤怒，从而找到疏导的方法。我们还可以转发怒为发奋。发怒，意味着为别人的错误拿自己出气，聪明的做法应是将发怒转化为前进的动力。

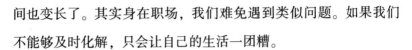

坤福之道

> 无论是对懒惰的克制、对急躁的克制，还是对愤怒的克制，都不是短时间内就可以达到的，需要长时间有意识地对自己加以克制，这样才能离成功越来越近。

比别人多坚持一会儿，就能获得想要的成功

当今职场上的竞争愈演愈烈，你有才华，别人比你更具天分；你能力出众，别人什么事都做得让人心服口服。超越别人的最好办法，不是去逞一时之勇，而是让自己比别人更有毅力、更能坚持。只有具备了能够熬过所有人的毅力，你才能成为职场最后的赢家。

很多时候，我们并不需要做到完美，只要比别人多坚持一段时间就可以了。

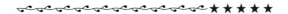

大学毕业后，小坤、小杰和小飞一起到某大公司应聘人事专员岗位。三个人因为各方面能力水平相当，于是一起进入了试用期。

小坤来到公司后的第一个月，主要是跟着老员工打下手。他本以为人事专员掌握的是"生杀大权"，但是没想到这一个月做的都是微不足道的小事，除了统计考勤表就是核对证件号码。小坤对工作感到极其厌倦，也常会犯些小错误。有时，报送考勤表会出现一两个员工名字的错误，有时，证件号也会少一位。虽然大家没有在意这些小错误，但是人事主管还是看在眼里。

小杰和小飞则细心得多，他们两人负责重新审核三年的社保、医保数据，两人不厌其烦地核对、整合，确认了大量数据，有分工有合作，工作完成得非常出色。

到了三个月试用期满，三个人来到人事主管办公室。小坤因为工作不认真，所以没有得到最后的留用机会。小杰和小飞觉得自己工作努力，效果也不错，应该有机会得到这份工作，没想到，主管竟然提出了另外延长三个月试用期的要求。

小杰和小飞答应了主管，但是心里抱定的主意却不相同。小杰在后面试用的这段时间中，又接到了另外一家小公司的电话，请他负责人事工作，因为公司规模小，所以升职的机会也比较多。小杰听后很动心，而且这家大公司的人事主管一再延长试用期，他也担心大公司不是真心要招聘，只是把试用员工当苦力用。一周后，小杰离开了这家大公司。

小飞虽然也接到过其他公司的招聘电话，但是他觉得这家公司前景更好，所以默默忍受煎熬，度过了六个月的试用期。每个月只拿几百块的餐补，还承担着非常繁杂的人事工作。中间小飞也听说过很多谣言，有人说这次的人事专员早已经内定了，也有人说应聘人事专员的人到了最后都不会留用。小飞凭借强大的耐性和出色的工作能力，坚持了下来，熬走了所有的竞争对手，赢得了这个岗位。

三年后，小坤已经成了职场上的"老油条"，经常被辞退，工作朝不保夕。小杰在小公司内发展十分受限，没有得到当初想要的未来。小飞通过努力成为新一任人事主管，踏上了职业生涯的新台阶。

很多时候，当一个人面临激烈竞争且付出很多努力却看不到进步时，便开始怀疑努力和成功的关系，开始麻木和放弃自己。然而成功就藏在下一个路口，如果不靠着毅力走过去，你永远也

看不到它。真正的成功离不开机遇，但机遇又往往是自己创造的。很多失败者并不是找不到自己的兴趣，而是担负不起责任，缺乏毅力去坚持。只有凭借着强大的毅力和耐心，比你的对手多坚持一会儿，才有机会获得想要的成功。

人都是有惰性的，但同时人也有能力战胜惰性。坚持是一件很难的事情，人们往往会因为内在的惰性而坚持不下去。要摆脱这种惰性需要循序渐进，不是一两天就能做到的。小坤总是被惰性束缚，工作的时候好高骛远，不踏实，最后失去了获得一个好职位的机会。小杰意志不坚定，很容易被别的职位、工作诱惑。只有小飞，不但工作努力，而且用足够的耐心熬走所有竞争对手，最终得到了想要的职位。

一些人只是谈论、幻想着成功，结果很少成功，就是因为缺乏毅力。在一个人成才的因素中，无论天赋、能力还是受教育程度都比不上毅力，任何事物都不能取代它。要想办成一件事，必须坚持到底，你认为办得到，你就会成功。

毅力加决心，无往而不胜。毅力可能是最值得赞扬的个性之一，它代表了一个人不畏艰难、不达目的誓不罢休的决心。在生活中，成功者与失败者在性格上的一个明显差异就是是否有毅力。

如果说很多人的成功源于他们的执着与坚韧，那么你也可以像他们一样获得成功。因为坚忍不拔、有恒心有毅力是一种心智状态，可以通过培养与训练获得。恒心、毅力和所有的心态一样奠基于确切目标，所以首先你要坚定目标。知道自己所求为何物，这是第一步，而且也是培养恒心、毅力最重要的一步。

其次，要做到自立自强。相信自己有能力执行计划，可以鼓舞一个人坚持计划不放弃。另外，还要对形势有正确的判断，如果你知道自己的计划是有经验或以观察为根据的，可以鼓励自己坚定不移走下去；如果只是猜想，则易摧毁恒心毅力。

再次，还需要学会合作。和他人和谐互助、彼此了解、声息相通，容易助长恒心毅力。

最后，就是要有坚定的意志力。集中心思，确定目标，可以带给人恒心和毅力。

坤福之道

有能力制定目标和计划的人很多，但成功的人却是少数，因为只有少数人能坚持他们的目标和计划直至成功。大多数人甚至尚未开始就已经放弃了，或者半途而废。通常，他们放弃是因为艰辛、困苦以及不确定性。在向着目标前进的路途上，他们在恐惧和疑惑面前落荒而逃。毅力是走向成功的一项重要技能，有了毅力你才能够比对手多一点努力，多一点耐心，多一点坚持。

当你沉浸在抱怨中时，幸运已和你擦肩而过

为什么倒霉的总是你？

究其原因在于你总是抱怨。当你沉浸在抱怨中时，幸运已经

和你擦肩而过了。也就是说，并不是失败使人抱怨，而是爱抱怨的行为方式使人在职场中总是失败。

"太不公平了！苦活累活都让我一个人做，有些人不就是运气好嘛，凭什么总是他们出风头！"

"在我们这个公司里，就是小人得志嘛，主管们都是一些会拍马屁的家伙！"

"工作这么多年，仍然干这种杂七杂八的小事，我真是倒霉啊！"

在办公室里，你经常会听到类似的抱怨，可能你自己也经常这么抱怨。但我们却从来没有想过：这样的抱怨有道理吗？值得吗？能改变自己的命运吗？

的确，职场中有很多人，但凡遇到一点挫折、一点困难，甚至一次加班，都会抱怨："自从工作以后，我就不停地倒霉，我真是这个世界上最最倒霉的人啊！"

这些人觉得自己在工作中不顺心，完全是因为自己运气不好，换句话，就是"倒霉的总是我"。但似乎没有一个人想到：实际上，正是你的抱怨使你越来越倒霉！据心理学家统计，影响人们成功的几大因素中，心态是排第一位的。要知道，人们的语言和心态又是互相影响的，而抱怨的习惯就是用自己的语言不断地对自己进行负面的暗示和强化，不断说服自己"相信"自己就是一个倒霉、失败、无能甚至心胸狭窄的人。

即便有些抱怨的话不说出口，仅仅在心中进行"无声的抱怨"，也同样能"摧毁"自己的心态，影响自己的情绪，让自己

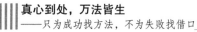
离成功越来越远。

心理学家们甚至得出了这样的结论：抱怨会放大人们的痛苦，让人产生"我总是很不幸"的思想。如果陷入这种误区而不自知，不能自拔，逐渐就会"真的"变得很不幸了。

在碰到不顺心不如意的事时，谁也免不了发一点牢骚，这是可以理解的，甚至也是有益健康的。然而，假如一个人养成了随时随地抱怨的习惯，那就会对他生活的方方面面都会有严重的影响和可怕的打击，他会不由自主地陷入一种"越抱怨越倒霉，越倒霉越抱怨"的恶性循环之中。

★★★★★

汪梅是某公司的行政助理，最近每天她都觉得心里烦闷得不行。今天一上班，本应该今晚值夜班的员工请病假了，于是老板要她代替那个人值班。汪梅嘴上答应了，心里却老大不高兴。上午，一个"难缠"的推销员又来了，老板要她去回绝，汪梅费了半天的嘴皮子，终于把他打发走了，结果连午饭的时间都差点错过。下午，一位客户气势汹汹地来提意见，老板要她去接待。汪梅听了一下午的抱怨，自己的工作没有时间完成，心里更加郁闷了。晚上，她才想起来要值班，于是匆匆忙忙推掉和朋友的约会，叫了份外卖，想着一边值班一边赶白天落下的工作。

可是坐在电脑前，汪梅却久久进入不了工作状态。于是，她打开网络聊天工具，对网友们倾诉自己的"不幸遭遇"。"他们解决不了的问题，都要我来办，为什么倒霉的总是我?!"她愤愤不平地说。很多网友都开始"支持"她，由于她开了这个头，大家都开始抱怨各自在公司中的"不幸遭遇"。只有一位网友劝慰道："嘿，想开点儿! 能者多劳嘛! 这说明你有本事，领导重视你，干得多，提升的机会也就多啊!"可这番话并没有化解她心里的"疙瘩"。

　　这样，汪梅经常抱怨来抱怨去。她甚至觉得，自己就是靠每天这样"发泄"几次，才能"支撑"自己坚持做完每天的工作。可每次"发泄"完了，该干的活还得干，该面对的那些"烦人"的工作还是得面对……自己的情绪却丝毫不见好转。

　　当我们投身职场，首先要明白这样一个事实：工作，毕竟不是度假。我们想通过工作获得收入，获得自信，获得通向成功的途径，获得人生中的幸福，就不可避免要付出一些代价，比如一定的辛劳、种种琐碎繁杂的具体事务、面对难题时的无助，以及不可避免的挫折等。

　　职场中的强者往往把这些"艰辛"看成是一种乐趣，如同登山者下决心战胜一座山峰那样，在克服困难的过程中享受着工作的乐趣和成就感。他们已经把"抱怨"从大脑中剔除了，因为他们知道，抱怨没有丝毫用处，抱怨完了，该你做的事情还是你的，该你解决的问题也还得一步步解决。而当你能够意识到这些的时候，幸运往往已经向你靠近了。

一个在工作中总是抱怨不休的人，其实是还没有适应最基本的职场生活，不论他有多大的年纪和多高的学历，也不论他有多大的能耐和多少职场阅历。我们见过很多这样的人，他们可能已经接近退休年龄了，但还是一上班就"千方百计"地找机会抱怨上两句。这样的人很难成为事业有成的人士，多数都是在一事无成地混日子，直到最终灰头土脸地离开职场。

抱怨，看似能纾解、"发泄"一时的情绪，但它强化了我们的负面心态，放大了问题的严重性，使我们失去了战胜困难的勇气和创造力。信不信由你，一个人抱怨越多，那他在工作中遇到的麻烦也必然会越来越多。

如果你又一次觉得"为什么倒霉的总是我"，也许你该理性地思考一下了：抱怨也是一天，不抱怨也是一天，何必牢骚满腹，让自己不开心呢？那些看上去或成功，或快乐，或轻闲的同事们，他们背后付出的努力，你又知道多少呢？要知道，抱怨不能解决任何问题，只会让幸运离你越来越远，不如换个思路，努力上进，想办法去改变现状吧！

坤福之道

> 真正获得成功的人，他们从来不抱怨，他们明白人生路上遇到的种种困难，都是他们走向成功所必需遭受的磨炼。抱怨不能解决任何问题，只能使自己变得懦弱无能。与其抱怨，不如把抱怨的时间拿来寻找解决问题的方法。

如果优势不能正确发挥，就很可能会变成劣势

我们往往会对自己的劣势格外留心，因为知道这是我们做事时候的短板，所以在用我们的劣势与别人竞争时，往往会加倍小心。优势才是我们竞争的资本，是我们比别人高明的地方，也是我们赢得成功的保障。

每个人都有自己的优势，只不过有些人好好把握了优势，成就了人生；有些人将自己的优势当成了炫耀的资本，最后栽在自己的优势上。自身拥有的优势是最容易使我们忘乎所以的地方，所以对优势也要警惕。

如果你在优势面前不能保持清醒的头脑，而是沾沾自喜，盲目乐观，你的优势就很有可能会变成包袱甚至是劣势。尤其是职场中的年轻人，凡事皆不能忘乎所以，要知道无论拥有多大的优势也须谨慎行事。工作中有许多沟壑和暗流，其暗藏的风险往往是你避之不及的，因此要记得一句话：小心驶得万年船。有的人认为拥有丰富的工作经验或者是掌握了核心技术就是职场的巨大优势，但是如果不能谨慎地让这些优势发挥作用，它们很可能也会变成导致失败的劣势。

某个行业内的经验可能同样适用于其他行业，但是这种经验也并不一定就是万能的。很多时候，我们的经验反而容易束缚前进的脚步。没有经验的时候，我们会更加用心学习，而有了经验

以后，更容易躺在经验之上偷懒。

　　老陈是某公司的金牌销售员，之前从事的是平价产品的销售，业绩一直高居榜首，不但工资涨了不少，而且受到了总经理的表扬，成为公司的业务模范。不久，老陈被调到高端产品的销售部门，担任副主管。老陈的主业依然是销售产品，但这次的产品不再是平价产品，而是价位较高、定位是白领精英阶层的高端产品。老陈信心满满，觉得自己既然能够把平价产品的销售做大，就可以把经验平行移植过来，将高端产品的销售同样做大。

　　三个月过去了，老陈的销售额不升反降，并没有做到自己预期的高度。老陈很困惑，为什么自己用同样的手段，产品却卖不出去了呢？原来，在从事平价产品销售过程中培养起来的销售经验，可能会在你向高端客户推销时制造障碍。与平价产品销售相比，高端产品销售历时更长，过程也更复杂，需要的策略也更多。在平价产品销售中，销售人员与客户交谈时占据主动，客户可能会因为他充满活力、热情且对产品进行了生动的描述，而把订单给他。这种"产品特性推销法"往往能够奏效。然而，在高端产品销售中，客户却希望在交谈时占据主动。出色的销售人员往往会采用提问模式来引导客户参与谈话，并将谈话引向最终目标。

　　老陈的销售额一直上不去，原因就在于他之前的经验不适用于新的产品。这种情况其实并不少见，一旦经验成为我们在工作中的优势，我们很有可能会减少思索，更多地依赖我们印象中的优势，一旦优势可能并不适用于新的情况，我们就会跌倒在自己的优势上。

　　其实，不单单经验不是万能的，很多我们认为能够确保我们的工作万无一失的东西，也都不是万能的。任何事都是随着时间的推移不断变化的，如果我们总想吃老本，故步自封，那么优势就会变成劣势，最后阻碍我们前进的步伐。

　　我们都知道，科学技术是第一生产力，核心技术则是对于某业界或某领域同类产品在市场竞争中占据优势起关键作用的一种或多种技术。掌握了核心技术，就掌握了某一行业的命脉核心。核心技术与企业的利益和发展紧密联系在一起，是职场人关注的重要问题，也是职场人成功的关键。那么，如果我们掌握了核心技术，是不是就万事大吉，只等着钱钻进我们的口袋就好了呢？

　　蒋先生是 A 公司的总裁，他在汽车制造的核心技术上投资了近亿元。经过一年多的努力，攻坚取得成

功，A公司掌握了核心技术，蒋先生非常得意，觉得之后在汽车市场上，自己将大有作为，于是给技术团队放了长假，自己亲自带队做核心技术的推广。蒋先生掌握了核心技术后，觉得自己已经是行业领袖，所以态度上难免有些傲气。出于对技术的自信，他将关键技术使用权的价格定得很高，导致现有汽车制造厂并不买账。

时间一个月一个月地过去，蒋先生把握着核心技术，但是推广普及的速度却很慢。这时，蒋先生的死对头B公司开始发力，在A公司的核心技术上更进一步，取得了关键性突破。很快市场被价格低廉的B公司的新技术迅速占领，蒋先生丧失了机会。蒋先生悔不当初。

虽然在蒋先生这里，核心技术曾经是他最大的优势，但因为他态度傲慢，对市场的把控又不足，导致这个优势最后成了他的短板。此外，关键技术的发展也是极其迅速的，蒋先生没有在技术的更新上保持优势，也是他最终失败的原因。

坤福之道

> 无论是工作经验还是核心技术，甚至是雄厚的资金、广泛的人际关系，这些明显的职场优势都可能因为种种因素，成为我们的短板。所以我们在面对自己的优势时，应该格外谨慎，用发展的眼光来分析局面，只有这样才有机会获得最终的胜利。

万丈高楼平地起，曾经的卑微也是宝贵财富

万丈高楼平地起，无论一个人日后会达到怎样的高度，基层的工作经验都会对他的成功有极大帮助。很多成功的职场精英，大都做过底层工作，今天他们的尊贵地位并不会因为他们曾经的卑微打折，相反，他们曾经的卑微已经成了他们奋斗路上的宝贵财富。

没有人生下来就是大明星，也没有人刚开始工作就能如愿以偿。饱尝世事辛酸最后终于站在自己领域巅峰之上的职场精英们，经常会告诉我们：卑微是人生的第一堂课，只有上好这一堂课，才有机会使自己的人生光彩夺目。对于刚走上工作岗位的职场新人来说，要甘于从底层做起，干好最简单、最平凡的工作，这样才能为自己今后的职场路积累财富和经验。

★★★★★

楚泽年纪轻轻就已经是某上市公司的老总了。别人这个年纪时还在打工做杂活，但是楚泽已经可以独当一面了。很多人惊叹于他取得的成绩，但只有楚泽自己知道，他今天的成就很大程度上得益于曾经的基层工作经验。

楚泽毕业于成都某重点大学，学习的是电子专业。研究生毕业时，楚泽就对自己的职业发展有明确的规划。他通过了层层面试，进入某著名的计算机公司实习。第一个月，楚泽就被派往公司下属的某工厂学习，这是最苦最累

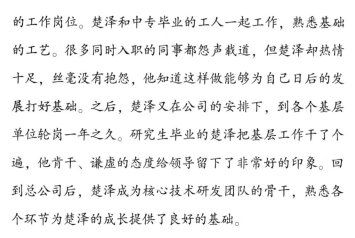

的工作岗位。楚泽和中专毕业的工人一起工作，熟悉基础的工艺。很多同时入职的同事都怨声载道，但楚泽却热情十足，丝毫没有抱怨，他知道这样做能够为自己日后的发展打好基础。之后，楚泽又在公司的安排下，到各个基层单位轮岗一年之久。研究生毕业的楚泽把基层工作干了个遍，他肯干、谦虚的态度给领导留下了非常好的印象。回到总公司后，楚泽成为核心技术研发团队的骨干，熟悉各个环节为楚泽的成长提供了良好的基础。

五年后，楚泽积累了大量的实际工作经验和人际关系，于是自己创办了公司。随着公司产品的市场占有份额逐渐扩大，楚泽成功融资上市，成为人人美慕的上市公司总裁。

事实上，除了少数的"幸运儿"，大多数毕业生走出校园的第一份工作都是基础性的、底层的岗位，有时还不得不接受同事、领导安排的一些临时琐碎的工作。专业性的工作碰触不到，更不要说稍微核心的项目，这样的情况让毕业生感觉自己非常卑微。一个大学生甚至硕士生经历了层层面试，终于进入了一家公司，却发现在学校学到的东西完全用不上，工作不被重视，人微言轻。实际的工作情况和想象中的差距，让不少毕业生心生抱怨，认为基层工作不能发挥他们的能力。

这样的心情可以理解，因为大多数职场新人都有类似的感受。如果不能正确地看待基础性的工作，不能摆好心态，就会给同事和领导敷衍的印象，他们会认为作为职场新人，连基本的工作能力和基本的耐心都没有，不可能担负起更高层的工作。职场是讲究循序渐进的地方，没有哪个公司会冒险将项目交给一个新人。所以，与其抱怨，不妨先把现在的工作做好，让自己表现出认真负责的职业素养，这样才有机会让领导放心地把更有挑战的工作任务交给自己，让自己实现职场逆袭。

若一个人初入职场就被委以重任，他很可能变得傲慢、目中无人，不知自己几斤几两，最终失去成长的机会。另外，职场新人还容易有很多不切实际的幻想，做事不周全。让他们从最基础的工作做起，能帮他们冷静地观察环境，反思和了解自己，看问题、做事情也更接地气。同时，这也是管理者考察职场新人的方法，以此观察他们的办事能力、严谨程度、适应能力、个性特点等，以决定下一步让他们承担怎样的工作责任。不用怀疑这些卑微的基层工作是不是成功的障碍，因为它是所有人走向成功的台阶。

许多在基层工作的人天天盼着升职，担当大任，做成大事，而不能专心于手头的职责和分内的工作。他们不知道，无论一个企业有多大，其根基和命运都正是由这些不起眼的基层业务决定的。要成就大事，就必须先干好这些基层的工作。殊不知，往往正是那些看起来普普通通的基层工作，成就了许多人的成功。

通过研究那些在事业上取得了巨大成就的人，我们不难发现，很多人都是从简单工作和低微的职位上一步步走过来，逐渐获得事业上的辉煌的。不论在什么行业，从事什么样的职业，如果没有基层的工作经验，就很难在管理职位上做出大的成就来。可见，基层工作经验的多少和表现如何对一个人的事业成败来讲具有十分重要的意义。

坤福之道

> 打牢了根基，才能在上面建造雄伟的高楼大厦。卑微的工作从来不会让成功人士汗颜，这些基层经验是他们一生的财富与骄傲。

风雨过后见彩虹，被拒绝的后面就是成功

相信很多人都听说过"鲤鱼跳龙门"，但可能很少有人知道这句话的确切含义。鲤鱼跳龙门是一个古老的传说。黄河从壶口咆哮而下，穿过晋陕大峡谷的最窄处，即"龙门"。每年初春冰雪消融，都有无数的黄河鲤鱼逆流而上，顶着奔腾的激流，越过一片片险滩和岩石，目标就是跳过龙门，化身为金龙。

在游向龙门这一路上，鲤鱼们要经历千难万险，稍有差池就可能被大浪卷到岸上或者被飞起来的沙石拍个粉碎，但也正是这艰险的旅程，才使得"成龙"这一结果尤为可贵。只有那些不畏艰险、迎难而上的鲤鱼，最后才能真正跃过龙门，变成真龙。

其实成功者就像这些挑战龙门成功的鲤鱼一样，在成功道路上，要经历无数的失败，那逆流而上的艰险就是成功对他们的考

验，但是化身金龙的鲤鱼能够不畏惧艰险，战胜艰险，最终成功。其实所谓艰险，淘汰掉的只是那些混在队伍当中的弱者，正因为有这些弱者的存在，反而更突显出强者的伟大。

有天生的富二代，却没有天生的富一代，没有哪个成功者是从出生就注定了的。可以这样说，成功之门一直在那里，它等待着所有人通过，只不过因为想要通过的人太多，它必须对这些人加以甄别，所以便想出了各种各样拒绝的招式，来甄别那些不属于成功的人。只有经过了甄别的人，最终才能成为成功者。

没有不经历风雨的彩虹，每天游手好闲等着天上掉馅饼就能一夜成名是不可能的。每一个成功者的背后都有着无尽的辛酸让他们变得强大，也只有不断地使自己变得更强大，才能最终实现成功，延续成功。

所有人都喜欢追逐成功而逃避失败，但是当考验真的来临的时候，还有多少人能够直面考验，迎难而上，硬着头皮再次尝试呢？

坤福之道

曾经有人说过，一次感情上的失败都没有过的人就不能叫作成年人。同样地，一个人如果没有经历成功路上的考验，那他也不能称为成功者。只有被拒绝过的人，才具有反思能力，也才会明白很多事情并不像自己想象的那样。一个被拒绝的人能够更加重视机会，能够更加审慎地看待自己，能够更冷静地面对困难。

第十一章　接受自己的平凡，
才能成就非凡事业

　　金无足赤，人无完人，在这个世界上，不管是人还是自然界的万事万物，都是不完美的。所以，对于一个懂得生活的人来说，人生应该从接纳自己的不完美开始。只有这样，我们才能放下执念，然后从这种不完美中解脱出来，实现自己的价值。

发挥自己的长处，比补齐短板更为重要

"世上无难事，只怕有心人。"这是很多人熟知的话。不过现实中，千千万万的孩子每天练几个小时的投篮，希望自己成为下一个迈克尔·乔丹，但大多数人无论多努力，终究成不了 NBA 球星；无数创业者希望能够踩着马云的足迹，重新走向互联网创业的巅峰，最后也只是不了了之。虽然我们希望能像别人一样成功，也付出了巨大努力，但是事实上我们就是没有那么高的天分，或者错过了时势造英雄的时代。种种原因，我们做不了别人，只能成为自己。

除了自己，我们还能成为谁呢？我们每个人都并不完美，但如果你都无法接纳自己，没有努力挖掘自己已有的东西，那么谁有义务接纳你呢？事实上，我们的每个缺点背后都隐藏着优点：好出风头只是自信过度的表现；邋遢说明我们内心自由；胆小能让我们躲过飞来横祸……我们的缺点也是生命的一部分，只有真心拥抱它，才能活出完整的生命。

在职场上，我们要知道"完美的自己"并不可能存在，我们要接受自己不完美的这个事实，在这个前提下才能走出提升的第一步。职场人一定要知道自己最大的优势是什么，选择一个最能够发挥自己优势的岗位，千万避免以己之短攻人之长。与其花十分力气让短板长一寸，干吗不花一分力气让长板长一尺呢？

　　刘书戎是某大型外企的明星销售员，在和客户沟通方面，销售部的近百人没人比得上他。刘书戎在公司中非常受人尊重，连总裁都亲自为他颁发过销售冠军的奖杯。他似乎天生就是销售能手，无论是低端产品还是高端产品，都能找到合适的客户，然后销售出去。遇到不同阶层的人，他也能够迅速转变角色，是个聪明伶俐的人。但是从内心来说，刘书戎却认为销售的工作毕竟是基层工作，所以希望能够成为销售部门的主管，他觉得只有管理层职位才是真正高明的人应该去争取的职位。

　　刘书戎认为自己虽然没有管理经验，但是只要足够努力，就能成为销售经理。于是他开始频繁向其他的经理讨教，寻求经验，还把其他人的经验整理成笔记；此外，他还利用业余时间，读了所有能找到的管理学书籍，提升自己的理论水平；他每天加班到很晚，不但牺牲了与家人相处的时间，也赔上了健康。终于，公司在外地的分公司有一个管理岗位的空缺，于是刘书戎独自来到外地就职。本以为能够在管理岗位上大展身手了，但随着工作的深入，他却认识到自己在管理和培养人力方面并没有天赋。他的这个错误选择不仅让他浪费了时间，也浪费了在销售岗位——这个他最擅长的岗位做出更大贡献的机会。而且这个错误的决定让他和家人分居两地，多有不便。他在工作中的成就感也少了很多，碰到更多的是不如意和问题，刘书戎发现自己成不了那种管理精英，他就是销售天才。可是这时再后悔，也回不到当初的生活了。

从刘书戎的经历中，我们可以看到，基于自身优势做事情，可以使人增强自信、目标明确、业绩卓著。工作业绩带来的成就感能够促使你更加积极地工作。当你不专注于自己的"优势领域"时，做了别人擅长的工作，好像穿着别人的衣服，总觉得不对劲，在工作上全身心投入的可能性会降低，挫败感会格外强烈。当你无法在工作岗位发挥自身优势时，就有可能出现情绪消极、抱怨、工作效率降低等问题。

有些东西我们从出生就不擅长，这是无法改变的，唯一能做的就是扬长避短。我们在工作中更多是要发挥自己的长处，这比补齐短板更为重要。每个人都有天生的优势，一个人能否取得成功主要是看我们能否最大限度发挥自己的优势。如果我们把精力和时间用于补自己的短板时，就会无暇顾及自己的优势，等到短板补齐的时候，也许你会丧失本来的优势。所以，接纳自己才是我们能够做好的唯一一件事。如果钻研技术是你的优势，那么一定好好把握，不要妄想能够成为交际明星；如果发展人脉是你的优势，那么就同样不要拘泥于自己业务的不足；如果你的优势是处理突发状况，用创新思维解决问题，那么你偶尔马虎也可以原谅；如果你特别擅长做复杂、细致的工作，那么也别勉强自己去创造新的产品。我们每个人只有利用好自己的优势，才有机会立于不败之地。虽然别人在他的岗位上光鲜亮丽，但是我们没有办法成为别人，只能成为自己。

坤福之道

在工作中要正视自己，忘记那些不能改变的先天缺陷，发挥自己的优势和长处，坚持走自己的路。面对对手，我们要以长击短，这样才有机会获得成功。

深刻地认识自己，才能真正做到卓尔不群

我们生活的这个时代充满着机遇和挑战，如果你有雄心壮志，又不缺乏聪明头脑，那么你很有可能通过奋斗登上事业的顶峰。但前提是，你必须成为自己的首席执行官，知道何时制定和修改发展道路，并在漫长的职业生涯中不断努力、干出实绩。做自己的首席执行官，首先要对自己有深刻的认识，清楚自己在工作中的最大优势，知道自己最高效的工作方式是什么，并且还要明白自己的价值观是什么。只有当你能从清醒的自我认识出发为自己进行规划，你才能真正做到卓尔不群。

第一，你要把握自己最大的工作优势。很多人可能清楚地

知道自己不擅长什么，但却不知道自己擅长什么。现在我们面对的工作选择成千上万，我们需要知己所长，从而知己所属。要发现自己的长处，唯一途径就是尝试和分析。每当做出重要决定或采取重要行动时，都可以事先记录下自己对结果的预期。9~12个月后，再将实际结果与自己的预期比较。持之以恒地运用这个简单的方法，就能在较短的时间内，发现自己的长处。同时也能发现，哪些事情能让你的长处无法发挥出来，哪些方面自己则完全不擅长。

　　肖磊大学时学的是财务专业，所以毕业后选择了在某公司做财务工作。但是，他总会犯点小错误，经常被财务主管责备。肖磊看到公司的销售工作虽然辛苦，但不用和数字报表打交道，心里很是羡慕。后来，借着一次机会，肖磊调到了销售部门工作，没想到做得风生水起，一年后就成了销售部的冠军。肖磊发现，正是通过尝试和分析自己，他才慢慢了解自己的特长，并且在工作中得到了印证。

　　如果你现在的工作束缚了自己的发展，那么你就要想清楚，究竟是你自己不够努力，还是你并没有真正把握自己的优势。

　　第二，你要知道自己最高效的工作方式是什么样的。其实，很少有人关注自己平时是怎样把工作给做成的。一个人的工作方式是独一无二的，你要通过分析自己日常的行为，来找出自己的工作方式。首先要搞清楚的是，你是习惯通过阅读获取信息，还是习惯通过听人说话获取信息。绝大多数人都没意识到这种分别，这对我们的工作效率其实有害无益。

　　小高是某公司的宣传主管，经常要与媒体沟通。他的专业知识扎实，对公司的各项政策了解也很深入，但是每次回答媒体现场提问的时候，都滔滔不绝地说了很多铺垫，涉及实质内容的干货却很少。这并不是小高不愿意说，而是每次听了问题，等他开口说话的时候，就已经忘了问题的内容。后来，小高要求媒体将问题写下来给他，从此便再没有出现过答非所问的情况。

　　其实小高获取信息的方式，就是典型的通过阅读获取信息，当他知道了自己的工作方式，就能显著提高工作效率。我们普通人也是这样，了解自己的工作方式，能够带来意想不到的收获。

　　第三，你要明确自己的价值观是什么样的。要进行自我管理，不得不问的问题是：我的价值观是什么？如果一个企业或者工作岗位的价值体系不为自己所接受，或者与自己的价值观不相容，那么我们就会倍感沮丧，且工作效率低下。一个人的价值观有时会与他的长处发生冲突。一个人做得不好的事情，可能与其价值体系不吻合。在这种情况下，这个人所做的工作并不能够让他获得巨大的成功，因为他从内心不认同这份工作，就会在精力和时间上有所保留。

　　齐燕是某三甲医院妇产科的护士，她做事有耐心，而且非常细致，每一项工作都完成得有条不紊，在同事中有口皆碑；对病人的态度也和蔼，受到很多产妇和其家人的尊敬。但是齐燕心里面却觉得护士的工作不体面，她的理想是成为医生，治病救人，做更有价值的工作。不久后，齐燕辞去工作，选择去进修，三年后，她怀着巨大热情，重新回到医院，如愿以偿地成为一名医生。

齐燕在面对工作与自身价值观不符时，做出了正确的选择。我们每一个人都有自己的价值判断，有的时候选择一份与我们的价值观最相符的工作，才能够真正调动我们工作的积极性。

坤福之道

　　如果希望取得事业的成功，就要清楚地认识自己，只有认识了自己，才有进一步规划事业的可能。了解自己最大的工作优势，知道自己最高效的工作方法，把握自己的价值观，这样才能够全面地认识自己，从而把握机遇。

给自己积极的心理暗示，让潜意识释放能量

心理学家认为，显意识就像浮在水面上的冰山头，虽然明显，但是数量和体积远没有潜意识丰富。潜意识则像是埋藏在水下的庞大的冰山实体，在我们生活和工作思考的过程中，起着非常大的作用。我们通过自我暗示的方法，把积极的思想灌输进潜意识，可以更好地完成工作，取得成功。

潜意识就像是魔法一样，只要你锁定了一个目标，潜意识的制导系统就会帮助你接近并击中这个目标。但为什么很多人并没有击中自己的目标呢？那是因为，你的潜意识不仅输入了你希望实现的目标，还输入了你没有觉察到的目标。例如你可能一方面说"我要挣钱"，另一方面却觉得"我没有能力挣钱"；一方面说我渴望成功，另一方面却说"我天生就是失败者"。所以，你内心深处的纠结，造成了你自己的困境。

通过潜意识进行自我暗示，可以影响一个人的感觉和行为。譬如早上起来，你发现自己的脸色灰暗，你就一天都开心不起来；如果发现自己脸肿了，你就会怀疑肾脏有问题，然后就会觉得腰痛；但是如果你觉得自己今天气色很好，你的心情就会很好，做各项工作也会充满干劲。

潜意识在职场中同样能发挥作用。对于成功，有人觉得通过努力就能得到，他奋斗的过程没有不安和怀疑，自信的心理暗示

能够让他获得更大的成功。同样地，对于失败，有人总是觉得祸不单行，这种心态给自己暗示，事情也许真的就会朝着更糟的方向发展。我们可以换个角度想想，既然这样糟糕的事情已经发生了，那后面应该会否极泰来啦，这么糟糕的情况都熬过来了，那还有什么事儿自己掌握不了呢？

对待自己在工作中的过失，有人会不停地担忧"这事我做错了"，而这种自我暗示也会影响后面的表现，可能会导致自己在以后的工作中一旦碰到类似情况就着急紧张，生怕再次犯错。另外有一些人，他们对待过失的心态更加平和，他们会告诉自己："我已经吸取教训，以后就不会再犯了。"这样一来，他们面对类似情况就不会紧张，而是会有条不紊地应对。所以，我们要注意不要总是向自己强调负面结果，这会致使自己情绪低落。其实不必如此给自己添堵，过去的过失就让它过去吧，给自己积极的心理暗示才能够让潜意识成为我们获得成就的保障。

★★★★★

张彬是一位产品经理，他有 15 年的工作经验，在自己的领域算是小有名气。但是最近，张彬的工作遭遇了重大挫折。张彬加入了 A 产品团队，积极地为产品的生产和推广做策划，但是在处理细节问题上，他和设计师的意见不同。经过了近一个月的讨论，团队按照张彬的意见处理了 A 产品。又经过了几个月的艰苦努力后，A 产品面世了。

可是面世后，A 产品本身的设计问题暴露了出来，导致用户体验不佳，于是团队很快就停止了推广，开始进行版本的升级。这个设计问题，正是当时张彬坚持之下做的修改。张彬觉得备受打击，没有脸再留在 A 团队，于是引咎辞职。到了下一个团队，张彬却发现自己很难再开口表达意见，变得唯唯诺诺，没有了之前指点江山的气度。张彬通过心理咨询，了解到自己是潜意识里有了挫败感，因而影响到了后面工作中的状态。

心理医生给了张彬几条建议，希望他通过积极的心理暗示，重新回到以前的工作状态中。心理医生让张彬在纸上写下未来工作时候的状态，或者在头脑中思考工作取得成功的画面，完成自我暗示。具体来说，第一步需要张彬描述自己希望达成的工作目标，告诉自己将进入进取状态，将有着乐观积极的态度；第二步，需要张彬回忆胜人一筹的经历，或者之前成功的工作经验，来提升自信心；第三步，需要张彬写下曾让自己激动喜悦的事情，以让心情变得轻松愉快。通过几次尝试之后，张彬明显感觉到自己潜意识中的挫败感消失了，取而代之的是一种积极、昂扬的心理状态。他的工作效率提高了，工作状态也回来了，很快在新产品的推广中取得了成功。

人一旦有了某种念头，潜意识就会驱使他去实现这个念头。所以，要想改变我们的工作状态，关键在于要给自己积极的心理

暗示。如果在职场上你认为自己的能力有限，稳居中层，小富即安，那么就不要抱怨升职的机会和你擦肩而过。如果你认为自己是"失败者"，那么无论你的计划有多好，意志力有多坚强，总能找到失败的借口，即便机遇来临，你也会失之交臂。这都是因为我们潜意识里为自己设置了很多障碍，我们要从那些束缚自己的观念中解脱出来，一旦你摆脱了那些"不可能""我不行"的固有模式，就将释放出来意想不到的能量。

坤 福 之 道

> 调整心态，利用心理暗示的方法调节潜意识里对自己的认知，能够使我们在工作中保持更好的状态，从而更有可能取得成功。

放下心理的包袱，勇敢面对挑战和挫折

每个人在生活和工作中，都不可避免地会遇到挑战。当你把挑战当作是成功对你的磨炼时，你将如浴火重生的凤凰，成为在困难面前战无不胜的勇者。当你把挑战看成是上天的不公、命运的捉弄时，它就是困住你的陷阱，等待你的将是重重机关，只怕到头来还是插翅难飞。我们能做的就是放下心理包袱，勇敢面对挑战和挫折，勇敢地解决掉它们，这样你会发现一路走来成功并没有你想象的那么难。

在挑战中磨炼自己，在反省中提升自己，是人生的大智慧。不经历风雨，怎能见彩虹？没有人能随随便便成功，在职场上遭遇挑战，在人生的道路中遭遇瓶颈，都只是成功对你的考验。这时候我们要做的是一道选择题，是勇敢面对挑战，积极寻求解决方法，还是消沉悲观、瞻前顾后不敢应对？你的选择将决定你今后的人生走什么样的道路。

 ★★★★★

某著名电器集团派技术总监杜坤前往日本，学习世界最先进的整体卫浴生产技术。杜坤是机械制造专业出身，在集团也有了八年的工作经验，出发前信心满满。到了日本后，杜坤却发现一切都要从头学起、做起，她面临的困难和挑战不是常人可以想象和接受的。她几乎是寸步难行，因为她不懂日语，生活习惯也难以适应，还有天气、工作环境、与人交往的方式等，都让她身心疲惫。但是杜坤没有放弃，而是选择勇敢地面对。她一方面积极地自学日语，一方面让集团为她请了一位翻译。

解除了语言障碍，杜坤慢慢发现学习并不是难事，在技术上有所突破才是她此行真正的挑战。在学习期间，杜坤发现日本人的废品率为2%，其产品合格率为98%。杜坤问日本的技术人员："为什么不把产品的合格率定为100%？"日本的技术人员反问她："你认为可能吗？"杜坤不再说话，心里却暗暗思索着应对方法。杜坤利用每分每秒的时间认真学习、刻苦钻研，仅仅用 20 天的时间就完全掌握了整体卫浴的先进生产技术。之后，她回到集团，开始负责整体卫浴生产。

半年之后，日本的技术专家来了。这个时候，杜坤已经是整体卫浴生产厂的厂长了。看着熟练操作的员工、一尘不染的生产车间和 100% 合格的产品，日本专家大为吃惊，他问杜坤："对我们来说，2% 的废品率天经地义，你们是怎样提高产品合格率到 100% 的呢？""因为我把 100% 作为一个重要挑战去面对了。"杜坤的回答简洁明了。

虽然杜坤的回答很轻松，但是应对这个挑战的过程其实非常艰苦，曾几度陷入困境，但是她没有气馁，而是在不断的重复试验中反省操作过程的每一个细节，积极寻找突破口。在历经了上百次的失败后，终于找出了隐藏在处理技术上的一个小细节，实现了合格率 100%，取得了世界整体卫浴生产技术领域的重大突破。

实际上，每一个成功的职场人，都是在用强烈的使命感迎接一个又一个的挑战。如果一直安于现状，终将感到失望及不满，这是为什么呢？害怕失败、害怕失去、害怕被拒绝，害怕正是安于现状的主要原因。害怕是一种软弱的表现，它使人退缩不前、失去勇气、自我封闭。你也许会说你对自己的人生感到满意，但是如果你没有成长、不追求挑战、不去冒险，很难让人相信你可以真的感到满足。在你内心深处，一定有一个声音在呐喊：我需要更多、更新、更好的东西。它或许被层层的失败、贬损、侮辱、拒绝和消极的想法所覆盖，让你没法正视生命中的挑战，但这种希望自己进步的渴求一定在你心中存在。

相反地，一个勇敢前进，不断接触、追求、学习新事物，从而不断拓展自己的人，即使他目前尚未达到目标，或成就不大，但是他也一定对自己的人生非常满意，因为他的人生有方向、有成长。正视挑战使他觉得满足而有收获，每一天都过得很有意义。如果你可以轻易地依据自己现有的能力达到目标，而没有学习到新的事物，没有改变、没有成长，也没有做什么尝试性的冒险，那么你的这个选择就称不上应对挑战，你只不过是抓住了摆在眼前的机会而已。

一个真正职场人的日常工作必定充满挑战性，正因为它具有挑战性，又是由自己所选择的，所以你一定会积极地去完成它。换句话说，你的工作不仅是一种挑战，同时也是一种激励你的原动力，这时你获得成功的可能性也就大大提高了。

坤福之道

用心在挑战中自我反省、自我提高，是对心灵最圣洁的洗礼。因为用心，所以你能从挑战的磨炼中胜出；因为敢于接受心灵的洗礼，所以你勇于承担。不管前方等待你的是什么，不管向前走的挑战多么艰巨，你都会义无反顾，从挑战中崛起，获得最后的胜利。

培养职场逆商，提高对逆境的掌控力

谁都希望自己一生平安顺利，但挫折、困难、逆境往往在所难免。当代社会，资源更稀缺，竞争更激烈，人们遭遇挫折和逆境的可能性也更大。在这一背景下，外国心理学家提出"逆商"概念，认为一个人事业成功、生活幸福，不仅需要智商、情商，还需要逆商，以更好地摆脱挫折，克服困难，走出困境。逆商全称逆境商数，也被译为挫折商或逆境商。它是指人们面对逆境时的反应，即面对挫折、摆脱困境和超越困难的能力。

每个人都希望自己成为前途无量的抢手人才，为了实现这一目标，除了要不断学习进取，提升自己的情商和智商外，还需要提高逆商。可以预见，未来职场的竞争将不仅是智商和情商的竞争，更是逆商的竞争。

★★★★★

罗小姐的职业生涯跌宕起伏，极为坎坷。从高管到普通员工，再到高管，这段历程她走了十年。罗小姐说，这绝对不是一个简单的回归，就像走了一段盘山公路，虽然水平位置没有改变，高度却增加了很多。十年前，罗小姐曾经是某国有银行的副行长，作为人才被引进到某商业银行担任国际业务部总经理，结果却在银行改制中失去了原有的职务。这样的职场遭遇，对很多人来说不亚于"灭顶之灾"。当时罗小姐36岁。对于职场的这一重大挫折，她并没有怨天尤人，相信自己"仍可以从普通员工做起，一步一步去证明自己能行"。

在这十年里，她一直坚守岗位，拒绝了外资银行猎头的鼓动，也拒绝了同学为她推荐其他银行的好意。她说："遭受点挫折不可怕，你的委屈，终究会有人理解；你的努力，也总会有人看到。"罗小姐在失去一切职务后，依然踏实做事。三年后，罗小姐的单位开始了网上银行的建设历程，虽然深知系统建设劳心费神且责任重大，但她仍然全身心地投入其中。不久后，电子银行部正式成立，她被任命为电子银行部的总经理。现在，她又升上一个台阶。她说，面对逆境不可怕，因为逆境最能够激发自己的潜能。

罗小姐可以说是高逆商的典范人物，在面对重大的职场挫折时，她没有被困境吓倒，而是积极应对，最终战胜了所有困难。从罗小姐的经历我们可以看到，高逆商的人强调控制力和分析力。控制力弱的人在困难面前往往惊慌失措，放弃抗争，逆来顺受；控制力强的人则会保持健康心态，把成败看淡，把包袱卸下。高逆商的人还重视原因分析，不会把失败原因全推到外界或全归于自己。逆商高者会理性分析主客观缘由，有针对性地采取措施，力图在跌倒处爬起，减少逆境的影响范围和持续时间。

如果你也希望成为高逆商的成功人士，那就需要直面困难。不敢面对，不愿面对，只会使困难变大、损失变多。冷静下来，用发展的眼光看问题，既看到当下，也看到未来，不拘泥于一时一事之得失。当我们放宽眼界，会发现当下的困难和挫折是人生长河里的一朵浪花；会看到困境中既有不利因素，也有有利条件；会意识到祸福相倚，坚定战胜困难的信心，不因工作受挫就消极颓废，也不因生活不幸而丧失斗志。

提高逆商，是为了想办法走出困境。那么怎样才能够提高逆商呢？首先，我们遇事要学会冷静。冷静想想，带来挫折的原因是什么？又是什么让你在挫折中消极？不会冷静分析，就不会管控情绪，就没有把握问题关键并消灭它的能力。其次，我们要勇敢面对脆弱。每个人都有内心脆弱的时候，当负面情绪冲破一切想出来的时候，压抑内心只会适得其反。你必须正视自己的脆弱，鼓励自己坚持下去。再次，我们要在关键的时候，对自己要求苛刻一点，促使自己养成屡败屡战、越挫越勇的品格，无论环境如何，都不要停止前行。此外，我们还可以尝试着调高自己的工作目标。许多人之所以陷入困境，是因为自己的目标太低，使自己失去动力。最后，我们还要增强自己对于大势的预测能力。如果能够事先"排演"出比你要面对的更复杂的局面，那么在实际的工作中，你将更加得心应手。

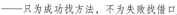

坤福之道

> 　　困难是压力，是风险，但也往往蕴藏美好前景。提高逆商就是超越困难，我们要将逆境做学校，拿挫折当教练，用愈挫愈奋、坚忍不拔的顽强意志，以迎难而上、攻坚克难的品格修为咬定目标，创造条件，善始善终，善作善成。

唤醒心中沉睡的巨人，为成功增加筹码

　　每个人的潜能都是无限的，只要你去挖掘，完全有可能在某个方面成为专家。潜能开发就是用有效的方式开发自身的内在潜力，潜能的动力深藏在我们的深层意识当中，也就是我们的潜意识中。通过认识潜能的存在、培养自信心、培养坚定的意志等方法，我们就可以开发自己的潜能，为自己的成功增加筹码。

　　不是每个人都能够认识到自己的潜能是无限的。正是因为如此，我们周围不少人面对自己时更多的不是欣赏、肯定，而是在与别人的比较中不断增加的惭愧与自卑。所以，每个人都应该好好思考，该如何发掘自己的潜能。无论你现在职场的位置怎样，薪水多少，只要你想改变，一切皆有可能。因为你的身上蕴藏着无限的能量等待着你挖掘。当然，开发潜能并不是一个随意的决定，而应该是你清醒认识自己，对自己的能力有一个准确定位之后的选择。潜能训练能唤醒你心中沉睡的巨人，会让你对自己的能力感到惊奇。

认识潜能是我们进行潜能开发的前提。一般来说，人脑的潜能只发挥了不到10%，而90%以上的潜在能力隐藏在我们的头脑深处。人的潜能大都是在遇到问题的时候，在不自觉中发现并发掘出来的，这就需要不断地钻研问题、解决问题，不断地让自己处于积极的思维之中，并抓住思维的瞬间爆发。

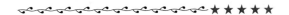

张颖是某网站的专栏作者，她经常撰写大量的文章，但是每当她接到一个新的写作任务时，都会觉得内心很恐慌，害怕自己没有办法完成。但是，她内心又相信自己有写作的潜力，所以一直坚持着没有放弃。张颖经常利用吃饭、休息的零碎时间对自己的文章进行构思。令她惊喜的是，每当坐到电脑前的时候，自己竟然总有新的想法。这其实就是潜能在起作用，当我们相信自己有潜能后，潜能会更容易起正面作用，推动事情朝着我们期待的方向发展。

进行潜能开发，还要有足够的自信心。如果你对自己非常有信心，以至于你的激情被彻底唤醒，你就会进入一种特殊的状态。在这种状态下，你的精神力量好像增加了数倍，大脑这部无比精密的仪器以神奇的速度顺利地运转，此刻你会真正感觉到灵感四溢、思维活跃。

★★★★★

刘珍是一位电商客户服务人员，她的工作很辛苦，而且工资也比较低。但是从一开始，刘珍就下定决心，要通过几年的努力，进入管理层。尽管开始的时候工作并不顺利，但是刘珍并没有消沉下去，反而一直是信心满满，用极大的热情投入到工作之中。后来领导看她工作态度好，对工作的把握也很到位，而且积极性一直很高，所以提拔她做了组长。三年之后，刘珍真的成了最年轻的管理层领导。正是因为刘珍一直对自己有信心，所以她在工作中发挥出了超常的潜能，最终能够有机会达成自己的工作目标。

★★★★★

坚强的意志是开发我们潜能的重要保障。意志是一种很奇怪、很微妙、无法触摸却非常真实的特殊能量，它与人类潜意识深层次的力量有着非常紧密的联系。当潜意识的神奇力量被激发出来的时候，通常是意志在起作用。一个人无论有多么得天独厚的条件，多么强的学习能力，多么博大精深的学问，如果没有坚强的意志，没有持久的耐力及百折不挠的坚持精神，最终也逃不过失败的命运。

★★★★★

贺蛮工作两年后，决定到北京发展。贺蛮有着名牌大学的学历，毕业实习的时候还在娱乐公司做过商业策划。凭借着这些资本，他完全可以找到一个待遇优厚、工作轻松的职位。但贺蛮却选择了北京一家规模不大的文化学校，从最底层的任课老师做起。由于学校名气不大，他每天除了绞尽脑汁地给学生们辅导功课，还要发放广告传单。长时间的工作使他在一个月的时间内就瘦了一大圈，但他依然坚定地留在学校工作，宁可放弃那些待遇更好的岗位。

他的朋友对他的这份执拗无法理解，笑他自找苦吃。没想到他却摇摇头说出了自己的想法："千招会，不如一招熟，别的工作再好，也只是多赚一些钱罢了；尽管这份工作很辛苦，却是我能为之奋斗一辈子的事业。"半年后，因为越来越多的家长点名要他给孩子上课，负责人和他促膝长谈了一次，顿时吃惊不小。因为他从分析学校的顾客群，到讲课的方法，再到跟踪服务等，都提出了系统而切实可行的方案。这次谈话之后，他就成了负责人的助手，他们的学校也迅速发展了起来。几年之后，他已经成为那个圈子里的名人，越来越多的家长慕名来找他。随着名气的越来越大，他干脆自己创业办了一所学校，由于积累了相当多的人气和各种资源，事业自然是蒸蒸日上。贺蛮坚定的意志，正是他成功的保障。在拥有坚定意志的基础上，贺蛮才有可能发挥出自己的潜能，从而取得了最后的成功。

★★★★★

坤福之道

> 每个人都有巨大的潜能，我们要通过认识潜能的存在，培养自信心，培养坚定的意志，来给潜能的开发创造必要条件。在这个基础上，我们的工作一定会取得成功。

学会自我暗示，让正能量赶走负能量

潜意识就像一块肥沃的土地，如果不在上面播下成功意识的良种，就会野草丛生，一片荒芜。你可以通过积极的自我心理暗示，自动地把成功的种子和创造性的思想播入潜意识的沃土。

暗示在本质上是人的情感和观念在不同程度地受到别人影响。我们会不自觉地接受自己喜欢、钦佩、信任和崇拜的人的影响，这会形成积极的自我暗示，成为你梦想成真的基石。同时，我们也会受到身边人负面情绪的影响，形成消极、悲观的自我暗示，这是我们需要警惕的。

★★★★★

修斌原本性格十分内向腼腆，进入一家公司一年时间后他变得十分开朗，整个人神采飞扬充满自信。原来修斌的主管性格开朗，对同事经常赞赏有加，提倡大家畅所欲言，不拘泥于部门和职责限制。在他的带动下，修斌也开始积极地发表自己的看法。由于主管的积极鼓励，他工作的热情空前高涨，不断学会新东西，如起草合同、参与谈判、跟外商周旋等。对此修斌都感到惊讶，原来自己还有这么多的潜能可以发掘，想不到自己以前那么沉默害羞，今天却能够跟外国客商为报价争论得面红耳赤。

修斌的变化，就是源于积极的心理暗示。在充满信任和赞赏的环境中，人容易受到启发和鼓励，往更好的方向努力。随着心态的改变，人的行动也越来越积极，并最终做出更好的成绩。

积极自我暗示在职场上还能够起到意想不到的作用。一名应聘者到一家刚刚成立的公司参加面试，一直面带微笑。他对老板说："我如果能够来到这里，会非常高兴，一定会努力工作。"老板对他产生了好感，就这样他很快在五个参加复试条件相似的人选中脱颖而出。即使你不善于微笑，也要强迫自己微笑，因为当同事、领导、客户看到我们的笑容，潜意识里会产生一种好感，支持和理解我们。很多时候，个体内心的想法往往会给自己带来暗示。比如，暗示自己"我还行，还能获得更大的成绩"，自然工作中也就会展现出了更大的热情；比如困难临头时，人们会相互安慰"快过去了，快过去了"，从而减少忍耐的痛苦。人们在追求成功时，会设想目标实现时的美好情景，对自己构成一种暗示，从而为自己提供动力，提高挫折耐受能力，让自己保持积极向上的精神状态。

在现代快节奏的工作环境中，人们难免会感受到工作给自己带来的精神压力。在压力较大的时候，我们很容易接受消极的心理暗示。那该怎么办呢？其实可以考虑用"汽车预热"的方式调整心情。司机都知道，汽车上路前要进行发动机预热，这样才能保证汽车良好的行驶状态，做事也是一样。当我们受到消极的心理暗示影响，觉得不自信、烦闷时，先不必急于工作，可以先与同事们交流一下，或是先翻阅、浏览一下自己感兴趣的东西。当你给自己的心情"预热"之后，再有意识地用积极的心理暗示鼓励自己，以崭新的面貌进入工作状态，就会更有成效。

 ★★★★

　　耿浦是一个从外地来上海工作的年轻人，他虽然学历高可是人却很自卑。原来耿浦内向，不善言辞，和同事沟通困难，同事聚餐、K歌，耿浦总是成为被遗忘的人，甚至还有同事学耿浦的口音说话。由于不善于请教领导与同事，完不成工作任务又觉得自己被同事孤立，耿浦丧失了信心。

★★★★★

　　耿浦就是接受了过多消极的心理暗示，才导致信心丧失。他不能因为暂时的困难就对自己的能力产生怀疑，对自己全盘否定。如果耿浦能客观地评估自己，在认识缺点和短处的基础上，找出自己的长处和优势，并以己之长比人之短，就能激发自信心。像耿浦一样，缺乏信心的年轻人要学会欣赏自己，表扬自己，为此可以把自己的优点、长处、成绩、满意的事情统统找出来，在心中"炫耀"一番，反复刺激和暗示自己"我可以""我能行"，这样就能逐步摆脱"事事不如人，处处难为己"的困扰，就会感到生命有活力。

坤福之道

　　我们在生活中无时不在接受暗示，懂得使用积极的暗示，可以让生活更美好，人生更幸福。职场像一场接一场的足球赛，胜负不可预料。如果能够巧用心理暗示，坚持不懈，便能不断取得好成绩，最终赢得成功。

第十二章　与单打独斗说再见，借力协作成就自己

　　"一个篱笆三个桩，一个好汉三个帮"，这是人们从生活中得出的宝贵经验。要想成就一番大事，必须依靠大家的共同努力。在这个竞争激烈的社会，只靠一个人打拼是不现实的，我们必须要有与人团结合作的精神，只有这样才能够集中优势，在事业上取得成功。

有了好人缘，才能够在职场中游刃有余

人类社会是一个很大的生态系统，而我们每个人都是其中的一环，同时也是独立的个体。人人都有自己的个性和特点，所以我们在人际交往经验不那么丰富的时候，容易产生人缘不好的问题。

我们上班会和同事们处在一个办公室里，虽然各人有各人的职责，然而同事之间低头不见抬头见，免不了要进行交流和沟通。为了使我们的工作能够轻松、顺利完成，就要学会建立良好的人际关系。

有了好人缘，我们才能够在职场中游刃有余。很多职场菜鸟会为自己没能够完成某项工作找这样的借口："我并不是不努力，而是别的同事不肯帮忙。"如果一个职场人能够把这句话说给老板听，那么即便他说的是事实，那些同事"不肯帮忙"也是情有可原。得不到其他同事的帮助，本身就说明这个人可能在平时人缘不好，这表明了他自身是有问题的，但是他竟然把自己的错误当成借口用来搪塞老板，实在是犯了职场大忌。

★★★★★

包强和秦峰都是 B 公司的老员工，两个人业务上不相上下，但是性格大不相同。包强对人和蔼，虽然自己的职位不高，但是已经提携过不少新人。秦峰嫉妒心重，喜欢居功，爱出风头。最近，公司新来了一个年轻人小华，负责网站页面编辑整理。经历了为期一周的培训后，小华在师傅包强的带领下开始熟悉业务。一次，小华负责处理团购网站和商户签约用的合同，由于拿到的是扫描的电子版，所以有些地方根本看不清楚，此时恰巧包强不在身边，于是就询问起坐在自己旁边的同事秦峰。结果秦峰看都不看小华，非常不耐烦地丢给小华一句话："打电话问销售去！"尽管秦峰最后给了小华解决方案，但这样的态度让小华对秦峰的印象非常不好。

两个月后，小华已经可以独立制作网页了。一次，小华把自己制作的自助餐页面提交给秦峰，秦峰劈头盖脸就把他教训了一顿，指出了很多错误，还数落他不用心、不努力。小华非常委屈，找到包强诉苦，包强笑呵呵地安慰了他，还给了他具体的修改意见。一年后，小华因为业务优秀，进入管理层。这以后，凡是包强负责的项目，人员、设备每次都配置得非常得当，项目进行得自然是顺利万分。而秦峰负责的项目，每次不是缺东就是少西，不但经常误期，完成以后也总有后患。这是为什么呢？难道说小华给秦峰穿小鞋了吗？总经理来问原因，秦峰总是愤愤不平："我的能力不比谁差，都是人缘的问题。"

　　其实，人缘问题是我们采取的处事方式造成的结果，并不能作为我们完不成某项任务的原因。有些人的人缘不好，主要问题在于他们自身。比如，有的人心胸狭窄，妒忌心重，能力比他强的，他不服气；受领导器重的，他看不顺眼；别人关系密切，他也看不过去。这些人既缺乏自知之明，又容不得他人，心理总得不到平衡，势必在言行中表现出来，这就无形之中在自己与别人之间构筑了一道厚厚的心墙。

　　另外，疑心病太重也是导致人缘不好的一大因素。如有的人快 40 岁还没找到对象，别人只要一谈到恋爱问题，他就怀疑人家有意影射他；看到几个人在窃窃私语，便怀疑在议论他；甚至别人无意中瞟了他一眼，他就受不了。这样的人自己终日处于惶惶然之中，别人对他怎么不避之唯恐不及？产生疑心病的原因主要是心理成熟度低，缺乏安全感，把注意力都集中在对外界的防卫上面。这种人在与人相处时总是抱有怀疑态度，自然不可能与别人沟通感情。

　　当然，我们提倡的是符合社会公共道德，体现人与人之间互助友爱的人际关系，至于那种为人圆滑、善于投人所好，甚至不择手段以阿谀奉承、挑拨离间来获得"人缘"的做法，自然应该予以坚决否定并加以警惕。人际关系的建立不是吃饭、喝酒那么简单，应该依靠人格魅力、依靠志同道合形成。因此，我们要全面地看待人缘和人际关系的问题。

坤福之道

> 有些人盯着别人名片上的职务，每时每刻都在琢磨着"如何搭上关系赚钱"。但其实人与人之间不光有利益关系，还有一种人际关系是不涉及任何利益的纯感情，这种关系比前者更牢靠。

从今天开始，建立属于自己的人际关系网

我们都不是独立存在于职场中的个体，要想获得成功，仅仅做好自己的工作还远远不够。如果能在必要的时候得到他人的帮助，这将会对我们的工作起到至关重要的作用。

哈佛大学为了解人际能力在一个人的成就中所扮演的角色，曾经针对某实验室的研究员做过调查。结果发现，被大家认同的杰出人才，专业能力往往不是最强的，他们杰出的关键在于"会采用不同的人际策略"。当一位普通的研究员遇到棘手问题时，会努力请教专家，之后却往往因苦候回音而白白浪费时间。杰出人才却因为在平时就已经建立了丰富的人脉资源网，一旦有事需要请教便立刻能得到答案。

打通人脉，对每个职场人都至关重要。打通人脉和传统意义上的"拉关系"或者"认识人"不同。打通人脉更强调在你的职业范围之内，更好地将自己宣传出去。本职工作是你未来发展的

基础，如果每天忙着跟别人沟通感情，那就是本末倒置了。但是一味埋头工作，不用心经营人际关系，也没办法在当今竞争激烈的职场中立足。我们要通过人际关系的经营，发现更多适合我们的机会，让自己的价值得到关键人物的认同，这样才能够到更广阔的天地施展才华。发现机会不等同于投机行为，我们要踏踏实实地做出成绩，让个人价值说话才更有力。

★★★★★

　　牟庆大学毕业三年了，做过网络编辑、市场营销等工作，认识了不少人，收到的名片放了满满两本，但是基本上没有联系过。牟庆也想主动联系他们，但总是担心对方觉得唐突。就连以前的同事也是如此，牟庆不知道怎样联系他们。牟庆想，如果说大家一起出去吃饭，对方肯定问："是不是有什么事？"牟庆觉得会很尴尬。虽然牟庆现在不停地认识新朋友，却没有一个能积累下来成为自己的人际关系资源。

　　钱云在南宁一家销售公司工作，每次跟老板出去见客户，都能收到一沓名片，但那些等于废纸，因为钱云不可能跳过老板与客户单独联系。项目如果谈成了，他只是做一些联络工作，既不能拍板做决定，也不能参与项目的实际运作。工作两年多，客户名单积累了一大把，可遇到困难了，谁也帮不上忙。

　　孙流毕业后，和其他三个应届生同时进入 G 公司工作。工作一个月后，孙流主动提议四个人一起请经理吃饭，经理同意了。后来，孙流发现他们以小组为单位联络上司的方式非常有效，让经理一下就记住了他们的名字。出差时，孙流也总是优先参加团队活动，而不是独处。他觉得最有意义的人际关系都是在出差时培养的，大家同处陌生城市，除了工作并没有其他的安排，所以更能建立感情。三年后，孙流成为公司的部门主管，因为他不但能力出众，而且在关键时候总有贵人相助。这些贵人，就是孙流平时经营的成果。

从牟庆、钱云、孙流三个人的经历可以看出，善于经营人际关系的人更容易获得成功。有的人虽然知道人际关系资源重要，却苦于没有途径和别人建立关系。在当今的职场，能力重要，关系也重要；个人努力重要，机遇也重要。人际关系已经成为我们事业的支撑体系。对于个人来说，专业是利刃，人际关系是秘密武器。如果只有专业，没有人际关系，在关键时刻就会败下阵来。若个人竞争力是一分耕耘，一分收获，那么加上人际关系的话，个人竞争力将是一分耕耘，数倍收获。

那怎么才能够打通职场人脉呢？

首先，建立人际关系要让别人真正了解你这个人。做事时，不要总是一副公事公办的样子，可以展现自己的个性。如果你对工作以外的事情，比如运动、读书感兴趣，这种热情就会很有感染力。

这会让别人记住你，而且会给你带来意想不到的好处。不过要维持长期的关系，记住别人同样重要。一个懂得经营人际关系的人会用心倾听。无论是一个会面三小时的客户，还是在一个晚宴上认识的人，或者是一个坐在我们旁边的有意思的人，如果你想认识他或者想建立关系，就先要记得曾经的谈话内容，比如这个人工作以外的兴趣，他喜欢特技跳伞，她喜欢刺绣，等等。只要坚持记录人们喜欢的东西，就会很容易找到与他们再见面的机会。

其次，要能够从对方的角度看问题。处理人际关系中最困难的问题在于，如何从他人的角度看问题，而不是一味地只想着自己。在处理人际关系之时，只有当你开始为别人考虑的时候，真正的关系才能建立起来。这就要求我们思考自己如何帮助对方或者如何与之合作，而不是总想着从对方身上得到什么。

最后，要与同盟者建立密切的联系。同盟者是你经常向其征询意见的人，你相信他的人品和判断能力。遇到机会，你首先会想到与其分享并合作。一旦有合适的项目，你应该毫不犹豫地去做，把自己的同盟者介绍给其他朋友，帮他树立声誉。当你的同盟者遭到误解时，你应该站在他那一边，为他的名誉着想。

坤福之道

从今天开始，建立属于我们自己的人际关系网，让别人认识自己，让自己记住别人，为对方考虑。相信打通了人际关系网络，你一定会成为未来的成功者。

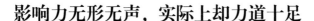
影响力无形无声，实际上却力道十足

为什么有的人长相并不出众，却总是吸引着众多的人聚集、围绕在他们身边？为什么有的人地位并不高，但一开口总是让人自觉或不自觉地按他的意思去做？

答案很简单：这些人拥有强大的影响力。如美国历史上非常有名的林肯总统，外貌和举止"像个乡下人"，被众多政敌讥讽为"长臂猿"，但他在激烈的总统角逐中胜出，并成为美国最知名的总统之一。马丁·路德·金是一位黑人，他在种族歧视最严重的时期，为争取黑人的平等地位而抗争，不仅得到了黑人的拥护，还得到了很多白人的支持。他们之所以能够在自己的领域取得重大成就，就是因为他们自身有着强大的影响力。

影响力是指能够改变他人的心理、行为的能力。影响力是看不到、摸不着的，但是它又是人人都可以感觉到的。有影响力的人能用一种易于为别人接受的方式，改变他人的思想和行动。与拿"枪"威逼他人按照自己的意思去做的强权不同，影响力是非强制性的，它通过影响他人内心的方式来达到目的。显然，相比于强权，影响力的影响更强大，可靠且持久。

事实上，每个人都有影响力，差别只在于大与小而已。政治家运用影响力来赢得选举，商人运用影响力来做成生意，推销员运用影响力来完成销售。就连你的朋友和家人，不知不觉之间，也会把影响力施加到你的身上。每个人都渴望拥有影响力，因为影响力是一种独特的魅力，时时刻刻影响着周围的人，并且给对方一种神奇的力量。有了影响力，职场人更容易取得成功。

★★★★★

　　吴云山是某建筑公司的新任经理，他有着十多年的工作经验，是公司花重金从其他公司挖过来的管理人才。同样在这家公司的谢先生则不那么愿意买账。谢先生已经在这家公司做了三年的副手，本来希望公司能够把正手的位置早日交给自己，没想到半路杀出个程咬金。

　　吴云山到公司后，积极了解公司情况，并结合原有的发展规划制订了提升计划。面对各个部门的牢骚，吴云山表现得十分谦逊，踏踏实实解决了公司的很多老问题，赢得了大家的尊重。这些问题在谢先生眼里，都是没法解决的大麻烦。这么一来，谢先生也开始有点佩服吴云山了。

　　不久后，公司接到一个大项目，工程部面对极大的困难和挑战。吴云山组织大家开了简单的动员会，然后就投入到紧张忙碌的工作当中。工程部的新人不适应高强度的工作，吴云山便经常鼓励他们，告诉他们工程部的工作特点，也帮他们协调关系，让处理问题的过程更加顺畅。老员工有家庭有困难，需要请假的，吴云山每次都痛快地批准，并且格外关心这些员工的家庭情况。谢先生母亲生病，需要陪护，吴云山还专门派人给老人家送了水果和补品。谢先生虽然之前对吴云山有点意见，但是慢慢地也觉得这个人确实是个人物。最后，工程顺利完成。年末，公司的业绩也得到了提高，吴云山用自己的影响力赢得了整个公司员工的心。

吴云山做事的过程，同时也是培养自身影响力，并让自身影响力发挥作用的过程。影响力无形无声，实际上却力道十足。人与人的交往就是意志力与意志力的较量，这时影响力便在其中彰显出来。影响力是一种让人乐于接受的控制力，谢先生一开始对吴云山心怀怨恨，但是吴云山凭着自己的影响力，一点一点地让谢先生对自己产生了尊敬、佩服之情。

影响力是一种出色的个人能力和综合素质，是一个人在群体中价值的集中表现。吴云山自己的业务水平卓越，加上善于关心、鼓励他人，于是很快就让自己的影响力渗透到公司的每一个角落。总之，影响力能让一个人的个人品牌光芒万丈，能让他人心甘情愿成为你忠实的追随者。

一个有强大影响力的人身边总是会有很多朋友，因为他们总是不自觉地会受到这个人的吸引。一个有强大影响力的领导做起事来总是感觉更轻松自如，下属也总是更愿意真心接受他的领导。一个有强大影响力的员工不但更易被领导欣赏，轻松让领导接受自己的建议，也能更广泛地影响周围的同事。

如果你渴望在职场中获得成功，或者是想正面影响周围的人，你就必须成为有影响力的人。如果你是个推销员，想卖出更多产品，就必须能够影响顾客。如果你是经理，成功取决于你对下属的影响力。如果你是教练，就要靠你的影响力建立一支常胜军团。如果你想建立美好的家庭，就必须能够正面影响你的孩子。

你想要取得事业上的成就，就要成为有影响力的人，这样才能够更快、更有效率地实现这个目标。

坤福之道

成功从来不缺机会，缺的只是方法。专注地打造你强大的影响力，就从现在开始吧。

提升自身价值，才能轻松编织人际关系网

国外一家研究中心在一份调查报告中指出，一个人的收入，12.5%与他自身的知识和能力密切相关，而87.5%则与他人际网中的朋友、同事相关。也就是说，一个人的人际关系网在他的事业中扮演着重要的角色。

就像一句名言所说：一个人能否成功，不在于你知道什么，而在于你认识谁。这句话并不是说我们普通人可以不学无术就获得成功，而是强调"人际关系网是一个人通往财富、成功的关键要素"。

那么，到底什么是人际关系网呢？

人际关系网就是一个人在与他人的交流过程中建立起来的联

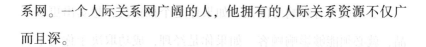

系网。一个人际关系网广阔的人，他拥有的人际关系资源不仅广
而且深。

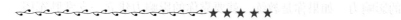

　　沈非在某公司就职三年了，每次聚会，他都是最积
极的那个。他会主动给所有领导倒酒、敬酒，让服务员
都觉得自己是多余的。沈非在酒桌是最会表决心的那个，
每次都是八面玲珑，满口奉承。这样一来，同事们觉得
沈非为人浮夸，不可靠。但是沈非却完全不在意，他觉
得领导能够记住他才是最重要的，同事的评价不重要。
有时，公司的新员工向沈非请教问题，他也爱搭不理，
觉得别人是在浪费他的宝贵时间。

　　沈非把下班后的大部分时间花在混各种"饭局"，或
者参加各种"圈子"的聚会上。他的观点是，别管能不能
深入交流，先混个脸熟再说。虽然沈非自以为成了大家的
熟人，但是他并没有和各个圈子里的领导、大佬们有过深
交，每次都是两三句话就没有下文了。不久后，沈非的公
司面临裁员，他本以为凭借自己的人际关系网，能够高枕
无忧，却没想到第一批裁员名单上就出现了自己的名字。

　　从沈非身上，我们可以看到很多职场人存在的问题，那就是对
人际关系网的误解。不少人以为，人际关系网的搭建要从巴结上级
开始。此外，还有些人认为"见人说人话、见鬼说鬼话"就是会做

人了，就能广交朋友了，事实并非如此。如果你总是喜欢迎合别人，那你能结交到的就只有那些喜欢听奉承话的人，这些人有什么值得交往的呢？如果你总是顺着人家说，那你的价值又是什么呢？

其实，我们最应该做的是提升自身的价值，让自己有实实在在的本事，这样我们才能够在人际交往中占据主动。如果我们是管理人才、技术骨干，那么自然有人希望认识我们，从我们身上获取知识、经验。如果我们都是像沈非一样的人，忙于参加"饭局"、混"圈子"，自身的业务水平没有丝毫提高，那么在别人眼中，我们只不过是可有可无的小人物。

人际关系网不取决于是否主动攀附谁，而是取决于我们自身的价值。那么怎样才能够提升自身价值呢？

首先，要增强自己的核心竞争力。从长远发展的角度来看，如果说企业是铁打的营盘，那么员工就是流水的兵。现代社会瞬息万变，多数人都不会永远停留在同一个岗位之上，一劳永逸的策略早已失去了生存的空间。选择自己最适合从事的岗位，积累自己所需的知识、技能，用知识来武装自己，使自己成为不可或缺的人才，这样你才能成为人际关系网中的核心。

其次，在日常的交流中要注意尊重他人。尊重他人是职场必不可少的因素。只有尊重别人才能得到别人的尊重。

再次，注重和身边的人增加沟通。有时候沟通的结果好坏，除了事情本身之外，还受到沟通时间、沟通方式的影响。有技巧的沟通可以减少对方的抵触情绪，增进彼此的感情，无形中扩大

我们的人际关系网。

最后，还要积极地展示自我。日常工作过程中不乏需要团队成员头脑风暴、集思广益的场合，此时若能积极主动参与讨论，提出建设性策略，展示出自己的见解、能力和价值，就能够让更多的人认识到我们的价值。

坤福之道

> 只有提升了自身的价值，才能够更轻松地获得广阔的人际关系网，才能够比较轻松地获得成功。

不怕别人利用我们，就怕自己没有用

日常生活中，一说到被人利用，我们就会感觉受到了伤害。在资历尚浅的职场人心中，总想着追求个性自由，不喜欢被人"利用"，不愿意为人所用。

锄头被农夫用来锄草，机器被工人用来工作，锅灶被厨师用来炒菜……当我们仔细观察现在世界上人们的工作方式，就会对"利用"这个词不那么敏感了。现代的公司雇佣关系中也是一样，老板"利用"我们为公司盈利，我们"利用"公司提供的平台获得薪水，实现梦想。其实，人之所以成为万物之灵，正是因为善于使用工具，因此我们不要害怕被"利用"，被"利用"正是证明了我们"有用"，我们真正应该害怕和担心的是自己"没用"。

没有人愿意"利用"我们的时候，就真的是一文不值了。

人与人之间，无法避免互相"利用"。你的价值高，就容易被别人重视、被重用；你的价值低，就会被轻视；如果一点价值都没有，那你对于别人来说，也许什么都不是。可见，被"利用"何尝不是一件好事呢？有人"利用"你，说明你是一个有用、有价值的人。

〜〜〜〜〜〜〜★★★★★

　　韩甘在一家大公司的工厂做经理助理，因为资历尚浅，所以办公室里面的人都不怎么爱搭理他。大家一直都拿他当一个普通跑腿的看，什么杂事都让他去做，但是他并没有因此而觉得委屈，反而很乐意接受。

　　有一次，经理让韩甘把一箱资料送到一个很远的公司去。和韩甘比较要好的同事听了后，马上对韩甘说："你别去，一会儿我找个人代替你去，那个公司那么远，而且你一个人还得带着这么多资料。"韩甘听后说："算了，还是我去吧。"韩甘觉得经理既然叫他，也是对他的一个肯定，是信任他。

　　大家都觉得韩甘脾气好，容易被利用。又过了一个月，总经理来检查工厂，说工厂的规划做得不好，经理却直接说已经交给韩甘负责了。韩甘跟在他们身后，愣了一下，因为经理并没有做过这个交代，但是还是主动承认是自己的规划没有做好。很多同事觉得韩甘是被经理当成了挡箭牌，可是他依然没有怨言。

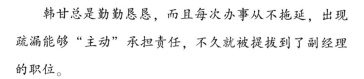

韩甘总是勤勤恳恳，而且每次办事从不拖延，出现疏漏能够"主动"承担责任，不久就被提拔到了副经理的职位。

韩甘的经历说明，不怕别人"利用"我们，只怕我们没有价值。当我们得知被对方"利用"了后，往往会觉得无奈和愤怒。但是转念想想，自己是否得到了一些回报呢？只要"利用"我们的人不是恩将仇报之人，那我们也会得到意外的收获。就像韩甘，之所以能够被提升为副经理，就是因为他有价值。

人活在世上，就是为了实现自我价值。若不被人"利用"，就永远也找不到自己的存在价值。只有在被人"利用"的平台上，学会磨砺自己，提升自己，为自己创造机会，才能学会生存之道，否则就会被淘汰出局。

此外，被利用不但能够说明你有价值，还能够说明你"身价不菲"。千万不要认为自己被利用了就愤愤然，等到真有那么一天你被人弃之不顾，那你真的就变得一无是处了。

那么，我们该如何做才能提升自己的价值呢？

首先，应该从学习工作中的专业知识开始。古人说："学如逆水行舟，不进则退。"自身具有价值的最好体现便是自己的学识。如果一个人没有才学，那么走到哪里都会被人看不起。特别是当你在工作中碰到同事让你做某件事你却一问三不知的时候，别人下次铁定不会再找你。因此只有当你去拓展自己的知识时，才能扩大自己的发展空间。

其次，要知道向他人学习，让合作带动自己前进。一位哲学家曾说："一个聪明的人能低头拜一切人做老师。"当我们想要成为有价值的人时，任何人身上都有值得我们学习的地方。这个人可能是我们的上司，可能是我们的同事，可能是我们的亲朋好友，也可能是我们的竞争对手。

最后，当我们有了一定资本以后，还要愿意吃亏，甘愿被别人"利用"。吃亏其实是一种隐形投资。当你被人"利用"去做某些事情的时候，你应该平心静气地对待。在"吃亏"与"享福"之间，不能总盯着眼前的利益，而是要学会主动吃亏。

坤福之道

> 俗话说得好："是金子在哪里都会发光。"可是，你只有被别人发掘出来，才有发光的可能。所以，年轻人只有懂得提升自己被人"利用"的价值，你的价值才能显现出来。如果一个人"利用"他人的力量，成就了自己，往往被"利用"的人也会受益良多。如果一个人有本事、有能力，即使被人"利用"，也会在被"利用"的过程中成就自己，创造属于自己的辉煌人生！

彰显个人魅力，在博弈中轻松获胜

国内一家杂志在调查中发现，即使不断加薪，无论商业、制造业还是咨询业，任何行业都面临着员工背叛的问题。即便在高薪的支撑下，高科技企业员工的流动率还是高得令人难以接受，这说明巨额薪金并不能帮助公司挽留知识型员工。

调查发现，无论在大城市还是小城市，无论所处的是什么样的行业，60%~75%的员工会认为在他们的工作中，最大的压力和最糟糕的感受来自他们的直接上司。人们之所以心甘情愿地追随一个人，愿意执行他的命令，其最深层的理由往往是，他所具有的人格魅力和优秀品质深深地影响了大家。有影响力的人，更容易成为一群人中的决策者和领导者，而拥有这种影响力的关键，就在于一个人的个人魅力。

领导者要获得对员工的感召力、影响力，其个人魅力是最重要的前提之一。没有个人魅力的领导者尽管也能行使领导权，但同有个人魅力的领导者相比，领导效果是截然不同的。领导个人魅力是领导者所具备的非凡的品质，在领导活动中表现为对追随者的吸引力、凝聚力和感召力，从而使二者之间形成和谐关系，是对被领导者所起到的一种权力难以达到的、博得其心悦诚服的拥护和信任的影响力。领导个人魅力既是领导者的隐形素养，又是其为官为政受用终身的宝贵财富。

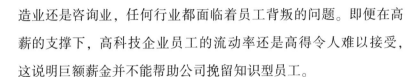

尤铭是某生物制药公司的研发部总监，在研发部已经工作了十几个年头，并培养出了一大批优秀的科研人才。最让人羡慕的是，这些人最后有很大一部分留在了

制药公司，其他部门的主管也暗暗佩服尤铭管理有方。尤铭年纪虽然已经接近 40 岁，但是在公司总是活力四射，很多人都奇怪，为什么他总有用不完的精力。其实，尤铭所在的研发部任务最繁重，每次接到的工作都是一次全新的挑战。连刚刚进入研发部的年轻人都会叫苦不迭，但尤铭每次都乐呵呵的，不但会讲笑话使氛围更加轻松，而且能够适时地鼓励新人。在必要的时候，他也会自己亲自上阵，解决实际问题。这样一来，他部门的年轻人都很佩服自己的领导，并且乐于跟着领导做事。

一次，药品研发的实验出现了失误，需要一个月的时间重新进行实验，而此时总经理又急着要数据结果，得到上述答复后自然大发雷霆。虽然这不是尤铭一个人的责任，但他还是承受了总经理的责骂。事后，尤铭并没有把不满发泄到下属身上，而是积极制订实验计划，提前了半个月的时间重新提交了数据。这样一来，部门里的人对尤铭更加忠心了。

后来，这个药品推向市场获得了巨大成功，给公司赢得了巨额利润，尤铭也因此受到总裁的奖励。这时，他并没有居功，而是将功劳作为团队的劳动成果报告给总裁。总裁对尤铭的举动很满意，给他加了薪水，也给了团队奖励。尤铭在研发部的影响力更大了。很多公司

高薪聘请尤铭团队里的核心技术人员，但是他们都因为

尤铭的人格魅力，留在了公司。

尤铭这样的领导，就是典型的具有个人魅力的领导。他团队里的人才流失率低，原因就在于他自己有非常强大的影响力。尤铭的行事为人，处处让人体会到他的谦逊、真诚和执着。他业绩斐然却不贪恋功劳，也从来没有自我膨胀。他作风平和，踏实认真，能够为团队创造一个轻松的氛围，同时带领这个务实高效的团队不断地研发创新，这是非常难得的。

领导者是一个组织的灵魂，他是否有足够的个人魅力关系着一个部门或者公司的成败。要培养人格魅力不是一朝一夕所能完成的，可以从以下几个方面努力。

首先，培养自己决断的能力。人往往有从众的心理，有时是无意识或者潜意识这么做。领导者处在一个部门或组织的关键位置上，需要对事情有自己的判断，关键时刻做出正确的决断。因此，作为领导者一定要培养自己当机立断的能力。

其次，要善于驾驭自己的情绪，同时善于调节工作氛围。情绪是人对客观环境的反应，但是作为领导者，要知道自己的情绪可能会对本部门的工作造成影响。所以，作为领导者要善于调剂自己的情绪，不让不良情绪影响到下属。此外，还要善于营造轻松和谐的工作气氛，尤其是在任务极其繁重的情况下，不能把自己的压力简单转嫁给下属，应该巧妙地化压力为动力。

最后，要勇于承担责任，不居功自傲。下属对于领导的期待，其实不光是鼓励那么简单，在出现问题的时候，勇于承担责任的领导更具个人魅力，而那些把问题推给别人，把功劳自己占据的人，是不可能赢得下属真心的，也不会有长远的发展。

坤福之道

> 不光领导需要修炼自己的个人魅力，我们普通的职场人，如果能够拥有很好的个人魅力，那么我们在工作上有所成就也只是时间问题。

团队通力配合，才能够在竞争中取胜

古人云："千人同心，则得千人之力；万人异心，则无一人之用。"意思是说，如果一千个人同心同德，就可以发挥超过一千人的力量；如果一万个人离心离德，恐怕连一个人的力量也比不上了。古人当时就能够认识到这一点，实属难能可贵，而这也可见团队协作的重要性早就深入人心。

对于今天的职场人而言，团队协作在日常的工作中更是无处不在。没有哪一项工作是以一人之力就能够完成的，只有一个团队精诚合作，全力配合，才能够在激烈的竞争中取胜。

在职场拼搏的新人，在团队工作中往往因不懂得如何与别人相处而被遗忘在角落。在竞争激烈的当下，若你不能与团队合作将会导致一系列的问题。我们都知道个人力量是微弱的，只有团队的力量才是强大的，特别是刚踏入职场的新人，要很好地定位自己，学会团队合作。

一位管理学教授曾说："管理者事业的成功，15%由专业技术决定，85%与管理能力和处理团队协作的技巧相关联。"对于身处管理岗位的职场人来说，更重要的是要学会团队的管理和建设。团队合作是所有事业成功的根基，因此无论你是职场菜鸟还是职场精英，团队协作都是至关重要的。

施仑是某公司的财务副主管。最近财务主管陶海因公需要出差一个月，鉴于这个月财务部门的工作非常繁重，于是就决定让施仑接手，主管一个月的财务工作。

施仑业务水平很高，但是管理经验比较欠缺。一位老员工出现了一个错误，这个错误非常明显，却没人发现，导致之后一系列基于这个数据的计算都是错的，整个部门来了个大返工，当天忙到深夜。施仑在第二天公开批评了这位老员工，本来希望能够让大家引以为戒，没想到引起了众人的反感。大家觉得施仑年纪轻轻，不应该过于苛刻，错误谁都难免，怎么能公开批评一位有多年经验和威望的老员工呢？

这样一来，本来就繁重的工作，进度更慢了。一个月里，大家的状态都没有调整过来。陶海回来后，发现了这个情况，便及时给施仑和老员工做了调解，还带着大家出去聚餐，以调节整个部门的工作气氛。陶海还在例会上做了总结和展望，为部门工作制定了新的目标，完善了工作的规程，制定了避免错误的多重保障制度，财务部也终于恢复了高昂的工作热情。

从施仑身上，我们看到了一个新任职的管理者经常犯的错误，那就是在团队协作中，只顾树立自己的威信而不考虑其他人的感受，只顾眼前问题而不考虑长远的解决办法。团队协作是个大问题，任何只顾局部的做法，都会造成矛盾。陶海作为一个有经验的团队管理者，在处理问题的时候更加注意方式方法，在尊重每一个员工的同时，能够从源头上杜绝问题的发生。

团队协作是一个项目成败的关键，但是一个有战斗力的团队不是一天两天就能造就的。想要一个团队能够在关键时刻完成协作，解决问题，就要用心经营，尤其要注意以下几点。

首先，要培养团队精神。团队精神是高绩效团队的灵魂，是团队成员为了实现团队利益和目标而尽心尽力互相协作的意愿和作风。要在平时注意增强团队的凝聚力、合作意识和团队士气。

其次，一个团队要有明确的共同目标。共同的目标是团队存在的基础，也是团队凝聚力的源泉，同时也是其成功与否的关键要素。在集体层面和个人层面建立可以接受的目标，有利于促进团队每一个成员共同为实现其目标而努力。

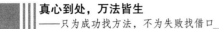

再次，要有控制地授权和进行信息共享。有控制地给予团队成员授权，使其在职责范围具有相对的自主决定和处理的权力，有利于激发其积极性。加强信息共享，有利于成员准确掌握信息。领导者要定期就工作的效率与效果与相关人员进行沟通，让他们了解其工作状态对团队工作绩效的影响，了解工作改进方向，强化对完成目标的热情。

最后，也是最重要的，要有有效的团队制度和绩效评估。明确的制度可以保障团队中每一位成员的努力都有回报，能够调动成员的积极性。要采取适当的激励手段，以促进合作，为共同提高团队效率提供推动力。人是需要激励的，平均主义是制约团队激情的重要障碍。当然激励并不仅仅是钱，还可以是升迁的机会等。

一个团队的协作能力强与弱在于管理者如何建设这个团队，如果我们能够培育积极向上的团队精神、明确的共同目标、有控制的授权和信息共享以及建立有效的团队制度和绩效评估，那么这个团队将战无不胜，可以圆满完成工作任务，而如此一来，我们在职场上的成功也就指日可待了。

坤福之道

现代社会中的竞争，不再是个人的竞争，更多的时候是团队之间的竞争。一个公司是一个大的团队，各个部门是小团队。团队无论大小，成员之间相互协作都是完成任务的关键。